내 아이가 최고 밉상일 때 최상의 부모가 되는 법

자책하지 않고 후회하지 않는 부모 감정 솔루션

내 아이가 최고 밉상일 때

최상의 부모가 되는 법

킴 존 페인 지음
조은경 옮김

불광출판사

일러두기

- 책 제목과 신문 이름은《 》로, 노래나 시의 제목, 행사명 등은〈 〉로 표기했다.
- 본문에 언급된 책 가운데 한국어판이 출간되어 유통 중인 것은 한국어판 제목으로 표기하고, 그렇지 않은 경우 원서명을 병기했다.

알무스와 애니에게

❖

가정을 돌보기 위해
우리가 하는 일에 대한 믿음과 지원, 그리고
오랜 세월 수많은 아이의 삶에 부드럽게 관여해 온
그대들의 열정에 깊은 감사를 드립니다.

추천의 글

❖

'아이들은 엄마의 눈에 비친 자신을 보면서 자란다'라는 소아 정신과의 격언이 있다. 이 말은 '아이는 자신을 쳐다보는 엄마의 얼굴과 표정을 통해 성장한다'라는 말이면서 엄마(1차 양육자)의 얼굴에 나타나는 자신에 대한 감정을 내면화한다는 얘기이기도 하다. 아이를 대하는 엄마의 감정 상태는 그림자처럼 아이의 무의식에 남아 평생을 따라다니는 '나에 대한 느낌'이 되고, 자존감과 정서 조절 그리고 행복감에도 지속적으로 영향을 준다. 나를 자랑스럽게 바라보는 엄마의 얼굴이 겹쳐지면 나의 어깨도 펴지지만, 나를 보며 분노하고 실망하고 슬퍼하는 엄마의 얼굴은 나의 어깨를 한없이 쪼그라들고 풀이 죽게 만든다. 이 책은 양육자가 '아이에 대한 연민과 마음챙김'을 통해 '엄마의 감정'을 건강하게 수용하는 노하우를 아름답게 가르쳐 준다. 연민 어린 대응에 기반한 실천적인 제안들은 엄마의 감정을 풍부하게 그리고 솔직하게 전달하는 방법을 알려 준다. 특히 부모를 '욱'하게 만드는, 힘들어하는 10대 자녀를 돌보면서 숨 막혀 하는 부모들에게 자신을 돌아보고 추스를 수 있는 산소마스크를 제공한다.

김붕년 _ 서울대학교의과대학/서울대학교병원 소아-청소년 정신과 교수,
《10대 놀라운 뇌 불안한 뇌 아픈 뇌》 저자

❖

이 책은 우리가 부모로서 갖추어야 하는 기술적 방법보다 부모의 내면에 있는 따뜻한 본성에 대해 말하고 있다. 우리가 우리 내면의 본성인 연민과 연결되어 따뜻한 가슴의 온도를 되찾는 길을 보여 주고, 사랑하지만 늘 도전이 되는 자녀들과 깊이 연결되는 방향으로 관계를 맺을 수 있도록 이끌어 준다. 너무나 사랑스럽고 소중해하면서도 늘 사랑하기에는 못마땅하고 불편한 자녀들의 말과 행동을 대하는 부모의 태도가 어떠해야 하는지를 매우 부드럽고 정확히 알려 주는 이 책은, 우리가 교육이라는 이름으로 행해 왔던 미숙했던 방식에 대해 반성하게 하면서 자녀뿐만 아니라 부모의 여리고 취약한 모습을 어떻게 다루며 살아가야 하는지에 대해 수치스럽지 않게 안내한다. 이 책을 한 줄 한 줄 읽으며, 한 사람으로서 큰 위로를 받음과 동시에 부모로서 성장해 갈 수 있다는 믿음을 갖게 되었다. 자녀를 사랑하는 부모, 그러나 미숙함에 좌절한 부모들에게 권하고 싶은 책이다.

박재연 _ 리플러스인간연구소 소장, 《나는 왜 네 말이 힘들까》 저자

차 례

열쇠 어떻게 우리는 최고의 부모가 될 수 있을까? '연민 어린 대응' 연습

변화 우리가 균형 잡힌 상태일 때 삶이 어떻게 달라질까?

들어가며

작정하고 화를 내는 부모는 없다. 전혀 그럴 마음이 아니었는데 그렇게 된다. 그러곤 대개 화낸 것을 속상해한다. 부모의 좌절감이 항상 부글부글 끓어오르는 집에 산다는 건 어떤 기분일까? 이제부터 들려줄 이야기는 한 사람이 자신의 유년기를 되돌아보고, 예측하기 힘든 환경을 헤쳐 나가며 얻은 지혜에 관한 이야기이다. 묘사된 상황이 엄혹하긴 하지만 우리가 아이의 관점에서 그가 겪은 상황을 살펴보는 데 도움이 될 것이다. 그러면 지금부터 자신의 감정을 통제하는 데 어려움을 겪는 부모를 이해하려 애쓰는 10살 소년의 이야기를 들어 보자.

나는 화내는 엄마 밑에서 자랐다

엄마는 건강에 문제가 있었다. 그러다 보니 생활을 하며 처리해야 할 일을 제대로 하지 못하는 경우가 많았다. 움직일 때마다 힘들고 고통스러워 좌절감을 느꼈다. 돌이켜 보면 엄마가 세심한 아내 노릇은 물론이고 나이 든 부모님을 돌보고 자녀들까지 키우느라 얼마나 힘들었을지 상상조차 하기 힘들다.

엄마는 자신을 포함해 자녀들 그리고 삶의 모든 것에 대한 기준이 매우 높았다. 건강이 좋지 않았음에도 자신이 세운 기준에 맞춰 가정을 꾸릴 창의적인 방법을 고안해 냈다. 하루는 집에 왔는데 엄마가 테이프로 진공청소기 호스를 보행 보조기에 붙여 청소를 하고 있었다. 아이디어는 좋지만 그렇게 해서 집 전체 카펫에 붙은 먼지를 다 털어 내려면 수십 번도 넘게 왔다 갔다 해야 했다. 아주 힘들고 짜증스러울 게 틀림없지만 엄마는 그 일을 다 해냈다. 전문 청소부를 고용해 집 청소를 하자고 엄마를 설득하기까지 거의 수십 년이 걸렸다. 이후 청소부를 불렀지만 상황은 더 나빠졌다. 엄마는 자기 마음에 들 때까지 집 안 구석구석을 완전히 깨끗하게 청소시킨 다음에야 청소부를 돌려보냈다. 그렇다고 엄마가 유별나게 강박적이라고 할 수는 없다. 엄마 세대의 많은 여성이 으레 그랬으니까.

하지만 엄마에게는 분명 어두운 면이 있었다. 엄마는 종종 격분했고 격앙된 감정을 내게 쏟아 내곤 했다. 나는 확실히 반항적인 아이였고, 그래서 엄마가 집안일을 할 때 종종 엄마의 인내심을 시험해 폭발하게 만들었다. 어린 시절에 겪은 일 중 지금까지도 생생하게 기억에

남는 것은 두꺼운 가죽 벨트에 묶여 있었던 일이다. 당시 아이들이 흔하게 받던 벌이었다. 이 벌을 받을 때면 나는 섬뜩할 정도로 조용한 가운데 몸을 살짝살짝 움직이며 이상하다는 표정으로 엄마의 일그러진 얼굴을 바라보곤 했다. 살을 파고드는 가죽끈 때문에 아팠지만, 그보다 나는 정말 못됐고 끔찍한 아이며 미래에 희망 따윈 없을 거라고 쏘아붙이는 엄마의 독한 말이 훨씬 더 아팠다.

이런 체벌 방식은 내가 10살이 된 후에 엄마에게 반항하면서 끝이 났다. 어느 날인가 나는 엄마를 열받게 했고(기억나지 않지만 뭔가 엄마를 자극할 만한 일을 했던 게 틀림없다), 엄마가 벨트에 손을 뻗자 엄마를 똑바로 쳐다보며 이렇게 말했다. "엄마가 나를 때리면 나도 엄마를 그만큼 세게 때릴 거야. 그리고 다시는 엄마를 안 볼 거야." 10살밖에 안 됐지만 그때 나는 진심이었다. 나를 다정하게 대해 주는 친척 집으로 갈 구체적인 계획까지 세워 두었다. 버스표를 살 돈을 준비해 두고 미리 가방도 꾸려서 숨겨 두었다. 다행히 나는 엄마를 때리지 않았다. 하지만 내 위협에 충격을 받은 엄마는 눈물을 흘렸다. 뜻하지 않게 엄마에게 상처를 줬다는 생각에 마음이 좋지 않았다. 그 후 체벌은 멈췄고 엄마가 내게 소리를 지르거나 수치심을 주는 일도 줄어들었지만 엄마와 나 사이는 이전보다 더 멀어졌다.

나는 종종 엄마가 일단 발산하면 조절하지 못하는 분노 때문에 고통받았던 게 아닐까 생각했다. "내적 발달과 도덕적 책임을 외부의 자극으로 대체함으로써 고통, 권태, 침묵을 회피하려는 강박적 경향이 증가하는 것"이라는 중독에 관한 정의를 본 적이 있기 때문이다. 다른 사람에게 '분풀이'하는 것은 분명 분노의 표현일 수 있다. 확실한 외부 자극이다. 엄마는 삶에서 잘못된 것, 옳지 않은 무엇인가와 대면하고 싶지 않을 때 거칠고 위협적인 말과 행동을 하면 도움이 된다고 느꼈던 모양이다. 타인에게 마구 소리 지르고 비난하며 창피 주기를 많이 하는 사람은 아마도 자기 내면의 악마와 대면하고 싶지 않은 것일 수 있다.

그렇게 감정의 폭발이 일어난 후에는 아무 말이 없었다. 마치 아무 일도 일어나지 않은 것 같았다. 나와 비슷한 상황을 겪은 아이라면 누구라도 "정말 엄마가 화를 냈던 걸까?" 하고 의아해했을 것이다. 이런 상황을 경험한 수많은 아이처럼 나도 아무에게 그 일을 이야기하지 않았다. 이상하게 들릴지 모르지만, 나는 그 상황에서 엄마가 화를 내서 미안하다고 미약하게나마 신호를 보냈다면 즉시 받아들였을 것이다. 엄마가 후회하고 있으며 화해하자는 바람으로 나를 살짝, 부드럽게 건드려 주기만 했어도 그랬을 것이다. 하지만 그런 일은 일어나지 않았다. 결국 엄마와 나 사이는 어쩔 줄 몰라 허우적대듯 서먹서먹해졌고, 내가 성인이 되어서도 그런 관계가 지속되었다.

부모가 되어 아이를 기르면서 나는 내 감정을 들여다보게 되었다. 좌절감이 얼마나 쉽게 분노로 바뀌는지 놀라웠다. 나는 분노한 상태에 있고 싶지 않았다. 엄마가 육아하면서 힘들어했던 게 무엇인지 이해되기 시작했다. 시간이 지나면서 서서히 나는 엄마가 무엇 때문에 자극을 받아 내게 상처 주는 말과 행동을 했는지 이해하게 되었다. 내가 겪었던 불쾌하고 힘든 일들이 애초에 일어나지 않았다면 좋았을 테지만, 그 일은 일어났다. 그나마 긍정적인 면은 자신의 감정을 다스리고 싶어도 그렇게 하지 못하는 어른과 함께 있는 게 어떤 것인지 경험했다는 점이다. 무엇보다 중요한 건 엄마처럼 화내는 사람이 되지 않기 위해 내가 할 수 있는 모든 일을 하겠다는 의지를 다지게 되었다는 점이다. 일이 틀어질 때 관계를 회복해야 할 절대적인 필요성과 그렇게 하지 않을 때 치르게 될 대가를 깨닫는 데도 도움이 되었다.

"당신이 얻지 못한 것을 누군가에게 줄 수는 없다"라는 말이 있다. 부모님이 없었다면 나도 내 아이들 곁에 있을 수 없다는 의미로 읽히지만, 나는 이 말을 그런 관점에서 보지 않는다. 아기가 태어나 처음으로 우리 품에 안길 때, 우리는 과거나 우리가 얻지 못한 것을 생각하지 않는다. 말로 표현하긴 힘들지만, 그 순간 우리가 직면하게 되는 도전은 내면에 있는 역량을 찾아내는 일이다. 결코 알지 못했던 우리 자신의 능력, 지금 이 순간에 존재하면서 이 작고 연약한 아이가 우리를 밀어낼 때조차 계속해서 사랑을 보여 줄 수 있는 능력 말이다. 우리에게 있는 줄도 모르지만, 실은 우리 내면 깊숙한 곳에 있는 보살핌과 사랑의 힘을 향해 손을 뻗어야 하는 것이다.

감정이 격앙되는 그 순간을 잡아라

아이가 계속해서 화를 돋워 이성을 잃은 경험을 해 본 적이 있는가? 슬슬 화가 치밀어 오르는 걸 느끼지만 멈출 수가 없다. 답답하고 속상한 마음에 아이에게 강압적인 말을 내뱉게 되는데, 이는 예상치 못한 스트레스 퇴행(stress regress)에서 비롯된다. 당신은 어릴 적 어머니나 아버지가 당신을 키우며 힘든 시간을 보낼 때, 그들이 당신에게 했던 것처럼 말하고 있는 자신을 발견한다. 어렸을 때 당신은 어른이 되면 내 아이에게 절대로 어머니나 아버지처럼 말하지 않겠다고 맹세했다. 그런데 지금 당신의 모습을 보라. 어머니, 아버지처럼 똑같이 차갑고 굳은 목소리로 아이를 대하고 있다. 그렇게 행동하는 자신을 보는 것만으로는 충분히 나쁘다는 생각이 들지 않았는지 아이는 물론 자기 자신에게도 화가 나 있다. 내심 누군가 개입해서 당신을 구해 주기를 바란다. 하지만 정작 친구나 배우자가 개입하려 하면 "난 괜찮아. 그냥 좀 내버려 둬"라고 톡 쏘아붙인다.

이것은 어떤 감정이 습관적으로 촉발되고 이에 반응하는 현상이 반복적으로 나타나는 모습이다. 이럴 때 부모와 아이는 모두 수치심과 분노를 느낀다. 전 세계 어느 가정에서나 볼 수 있는 보편적인 모습이다. 아이가 신경을 건드는 말이나 행동을 하면 그런 행동은 받아들일 수 없으니 그만하라고 말한다. 하지만 아이는 그만두기는커녕 그 상황을 회피하거나 아예 당신을 무시한다. 심지어 더 부채질하기도 한다. 그러면 당신은 어느 정도까지는 참겠지만 극도의 분노가 부글부글 끓어오르는 걸 느낀다. 결국 짜증이 폭발하고 신경질적으로 반응해 버린다. 이제 아이는 당신에게 주목하지만 험악한 분위기가 더욱 가중되는 느낌이다. 끔찍한 상황이 벌어질 거라는 느낌이 온다.

이런 악순환의 고리를 끊을 방법이 있을까? 어떻게 하면 부모가 돌아 버리는지 정확히 아는 비상한 능력을 가진 듯한 아이를 향한 마음 깊은 곳의 반감을 다른 것으로 바꿀 수 있을까? 긴장이 고조되기 시작하는 바로 그 순간, 과거에서 비롯된 해결되지 못한 문제를 또다시 반복하기보다 자기 목소리를 찾고 굳건히 설 수 있는 능력이 당신에게 있음을 안다면 위안이 되지 않을까?

우리 모두 그렇게 할 수 있다. 대부분 부모가 알고 있듯이 가정에서 이런 대치와 반목이 심해지면 감정 폭발이 급속도로 빨라진다. 따라서 상황이 나빠지기 시작할 때 즉시 긍정적인 대안을 실행해야 한다. 감정의 근육 기억을 발달시켜서 당신과는 다른 곳에서 온 아이와 소통하는 새로운 반사작용을 만들어야 한다. 그러면 아이가 난폭하게 굴고 당신을 도발할 때도 당신이 중심을 잡은 곳에서 굳건하게 아이를 사랑할 수 있다.

어색한 침묵을 방치하지 마라

삶은 계속된다. 때로는 갈등이 폭발하고 가끔 우리는 이성을 잃기도 한다. 좌절하고 짜증이 끓어오르며 화가 잔뜩 묻은 말이나 행동을 한다. 어떤 말로 정당화하려 해도 우리가 아이에게 말하고 그들을 다룬 방식이 옳지 않다는 생각이 든다. 이건 우리가 바라는 부모의 모습이 아니다. 당신은 방금 벌어진 일이 일어나지 않았더라면 하고 바라지만, 이미 그 일은 벌어졌다. 그렇다고 수치심에 사로잡혀 상한 감정과 어색한 침묵 속에서 몇 시간이나 며칠을 보낼 텐가? 그러지 말고 이 책에 나와 있는 방법들을 이용해 재빨리 자신을 추스르고 진정을 되찾도록 노력해 보자. 당신이 느끼는 짜증과 좌절감을 긍정적으로 흡수하고, 보살피고 사랑하는 균형 잡힌 자아와 소통하고, 무엇보다 신속하게 아이와의 관계를 회복해 정상으로 돌릴 수 있도록 연습할 수 있다.

삶이 우리를 압도할 때 극단적인 감정에서 벗어나는 법

부모가 되어 육아의 여정을 걷다 보면 극심한 감정 기복을 겪게 된다. 최고와 최악, 양극단의 감정을 오가는 건 필연적이며 잠깐은 그 상태를 견딜 수 있다. 하지만 계속해서 그렇게 할 수는 없다. 극심한 감정 기복을 겪다 보면 사는 게 아니라 그저 생존을 위해 버티고 있다는 느낌이 든다. 매일 우리 앞에 펼쳐지는 일이 무엇이건 적절한 대응이 아니라 반응하기에 급급해진다. 삶이 우리를 압도할 때, 어떻게 하면 흔들리지 않고 굳건하게 그리고 즐겁게 중간 지대를 찾는 능력을 계발할 수 있을까?

부모로서 우리에게 닥칠 일은 예측하기 어렵다. 하지만 어디서 어떻게 그런 상황들을 맞이할지는 조절할 수 있다. 반복되는 정서적 압박과 위축을 깨부수고 행동-반응의 고리를 끊을 수 있다. 언뜻 직관적이지 않아 보이지만, 그 일은 육아를 하면서 우리가 감정적으로 폭발하는 지점을 살펴보고 우리를 혼란스럽게 만드는 좌절감과 무능감을 친구 삼는 것으로부터 시작할 수 있다. 잠시 멈춰서 우리가 상황을 바로잡을 수 있음을 받아들여야 한다. 모든 일이 잘 풀릴 것이고, 아이들과 함께 즐겁고 사랑스럽고 훌륭하게 지낼 수 있다는 점을 기억함으로써 스스로를 고양할 수 있다.

이 책의 전반부에서는 부모들이 양육하면서 화를 내는 가장 일반적인 방식을 알아볼 것이다. 예민하고 자극적인 상황을 직접적으로 다루는 실용적인 전략을 제시하고, 표면 아래로 스며들어 우리를 악순환의 굴레로 떨어뜨리는 문제들을 이해하는 데 도움이 될 방법도 다룰 것이다. 그러고 나서 연민 어린 대응 연습(Compassionate Response Practice)에 대해 알아볼 것이다. 연민 어린 대응 연습은 부드럽지만 강력하게 우리 안의 길을 열고 넓혀 준다. 육아 과정에서 우리는 좌절하거나 반대로 아주 멋질 수 있는데, 어느 쪽이든 전혀 문제 될 게 없다는 걸 받아들이도록 이끌어 준다. 이것을 '연습'이라고 부르는 이유는 말 그대로 연습해야 하기 때문이다. 노력이 필요하다. 우리는 가정생활에서 불가피하게 상황이 나빠지는 때를 대비해야 한다. 연민 어린 대응을 연습하면 해묵은 감정의 쓰레기를 없애는 데 도움이 되고 직관에 조응할 수 있다. 내면의 목소리에 연결됨으로써 더 큰 연민과 명료함에서 우러나는 단어로 아이들에게 말할 수 있다는 사실을 발견하게 된다.

아이들과 함께 재미있는 놀이를 하는 것만이 건강한 관계를 형성하는 데 도움이 되는 건 아니다. 아이들은 우리가 어떻게 갈등과 반목에 대처하는지를 보고 궁극적으로 우리를 정의할 것이다.

아이가 잘하지 못할 때 어떻게 대응해야 할까

언젠가 어떤 부모가 이런 말을 했다. "아이가 뭔가를 잘하지 못할 때 정말 고민이 돼요. 언제 개입해서 문제를 해결해 줘야 할지, 뒤로 빠져서 스스로 해결하게 둬야 할지 분간이 안 돼요. 그래서 주저하고 있다 보면 아이가 그걸 알아채요."

개입할 것인가 말 것인가에만 초점을 맞추는 건 너무 한정적인 접근법이다. 그러기보다 우리가 항상 아이를 정서적으로 붙들고 있음을 인식하면서 문제가 발생하는 순간 어떻게 대응할지에 대한 관점을 바꾸는 게 좋다. 아이가 잘하고 있으니 그저 가볍게 건드려 주고 스스로 문제를 해결하도록 공간을 마련해 줘야 할 때가 있다. 그러나 때로는 아이를 곁으로 가까이 끌어와 그들이 우리 경계 안에서 안전함을 느끼고, 우리가 따뜻한 마음으로 그들을 지지하고 있음을 느끼게 해 주어야 할 때도 있다.

우리는 대부분의 시간을 가족과 함께 보낸다. 이 순간에 우리의 태도는 본질적으로 온건하고 중립적이어야 한다. 이런 중간지대적 대안은 필요에 따라 통제를 강화하거나 좀 더 넓은 공간을 마련해 줄 수 있기에 효과적이다.

반드시 피해야 할 전형적인 육아 전략

이 책에 나오는 마음에 토대를 둔 전략들은 우리에게 익숙한 방식보다 훨씬 더 범위가 넓은 대응 방식을 열어 준다. 또한 지금까지 잘못 이해해 온 네 가지 전형적인 육아 전략을 피하는 데도 도움이 된다.

1 불안에 쫓기는 '극성 육아(helicopter parenting)'에서 벗어날 수 있다. 아이의 일거수일투족을 알고 통제하려 드는 '극성 육아'는 많은 잡음을 일으킨다.

2 머뭇거리며 아이 마음대로 하게 내버려 두는 태도를 버리게 한다. 이런 태도는 종종 의도치 않게 아이와의 단절을 불러일으킨다.

3 앞뒤 가리지 않고 달려드는 태도나 강압적인 접근을 예방함으로써 아이들이 부모의 행동을 위협이나 과민 반응으로 받아들일 여지를 없앤다.

4 무슨 일이 벌어지고 있는지 관찰한 뒤에 냉정하게 혹은 온건하게 상황에 대처할지, 아니면 부드럽게 건드리는 정도로 개입할지 자신 있게 결정할 수 있는 실용적인 방법을 제공한다.

힘들어하는, 그렇지만 최소한 거칠게 굴지는 않는 아이에게 차분하고 적절한 어조로 말할 수 있게 되면 아이와의 유대 관계가 더욱 두텁고 강해진다. 신뢰가 쌓인다. 그러면 아이들이 방황하고 좌절할 때 우리를 밀어내지 않고 의지할 것이다. 우리는 정서적으로 안정된 항구이기에 곁에서 휴식하며 마음을 가다듬을 수 있다는 걸 알기 때문이다.

화는 연약함의 다른 말

이 책의 제목을《내 아이가 최고 밉상일 때 최상의 부모가 되는 법》이라고 붙였지만, 부모로서 우리가 무엇보다 바라는 건 아이들이 연약한 순간에 그들에게 무한한 사랑을 주고 그들을 보호하는 존재가 되는 것이다. 10대 청소년을 포함한 어린아이들이 심하게 화를 내고 속상해할 때 그들의 다양한 자아 층위가 벗겨지면서 더욱 깊은 욕구와 예민함이 드러난다. 이때 더 많은 관심이 필요하다. 그 순간 우리가 하는 말과 행동이 아이의 내적 자아로 곧장 뚫고 들어가기 때문에 정말이지 중요하다. 우리가 유년 시절을 떠올릴 때 종종 가장 선명하게 떠오르는 장면이 고통을 겪었던 힘든 시간인 이유가 바로 여기에 있다. 그것은 부모가 우리를 어떻게 다루었는지, 거칠게 다루었는지 혹은 세심하게 다루었는지에 따라 결정된다.

이 책의 가장 중요한 목표는 당신이 균형 감각을 되찾고, 당신과 아이들이 힘든 육아의 순간에 잠시 쉬면서 다시 방향을 잡을 수 있는 안전한 장소를 만들도록 돕는 데 있다. 이 책은 3부로 구성돼 있다. 1부에서는 당신이 바라는 부모의 모습에서 이탈하게 만드는 문제들을 알아본다. 아이와 함께할 때, 무엇이 당신을 원치 않는 해묵은 행동-반응 습관에 젖어 들게 만드는지 그 원인을 살펴볼 것이다. 2부에서는 연민 어린 대응 연습을 깊이 있게 다룬다. 연민 어린 대응 연습은 아이의 행동과 당신이 느끼는 좌절감, 어려움을 조화롭게 통합하는 강력한 시각화이자 명상법이다. 아이가 화를 돋우어도 여전히 당신은 다정하고 사랑 넘치며 재미있고 능력 있는 부모가 될 수 있다는 사실을 잊지 않도록 도와줄 것이다. 3부에서는 당신이 차분하고 능숙한 자신의 목소리를 되찾는 과정에서 경험할 수 있는 혁신적인 성과들을 자세히 다룬다. 여기에서 접하게 될 내용은 전형적인 자기계발서의 지침이라기보다 내면을 여행할 때 길을 안내해 주는 지도에 가깝다. 이 지도를 보고 매일 육아를 하면서 자신의 방식에 뿌듯함을 느낄 수 있다. 무엇보다 아이가 자라 세상에 나갈 때, 그동안 부모로서 역할을 잘 해냈고 앞으로 아이는 잘 헤쳐 나갈 거라는 희망을 꿈꾸게 될 것이다.

문제

무엇이 우리를 이상적인 모습에서
멀어지게 만들까?

1부에서는 무엇이 부모의 화를 돋우는지, 그 이유가 무엇인지 살펴본다. 다음 사항을 깊이 있게 알아본다.

- 가족 모임을 신나게 즐기면서 동시에 객관적으로 상황을 조망할 수 있는 발코니에 서는 법
- '반복되는 감정적 긴장 장애'라고 부르는 부모의 잘못된 반응 습관과 그것을 치유하는 법
- 가족 간에 긴장과 갈등이 발생할 때 몸에서 일어나는 반응이 말해 주는 것
- 가정에서 벌어지는 일 때문에 발생하는 갈등 회피, 화목 중독(harmony addiction)의 근원이 부모의 성장 환경에서 비롯되었을 가능성이 있다는 것
- 아이들이 부모를 시험하고 밀어내는 이유
- 투명 인간이 된 듯 제대로 평가받지 못한다고 느끼는 감정, 감사와 인정을 받기 위한 실용적인 방법
- 모든 것이 과잉일 때, 일상에서 차분함과 균형을 유지하고 단순화된 가정생활을 꾸리게 하는 네 개의 기둥을 세우는 법
- 가족의 가치를 지키면서 부모의 재량으로 바꿔 가는 방법

매듭 게임의 원칙

학생들이 작은 창고의 문을 열고 들어오며 소리쳤다. "정말 완전히 꼬였어요!" 아이들이 노려보고 있던 밧줄은 일반적인 밧줄이 아니었다. 우리는 180미터 정도 길이의 이 밝은 오렌지색 밧줄을 게임 수업할 때 활동 영역을 표시하는 용도로 사용하곤 했다. 내가 교육계에 몸담고 있으면서 일찍이 배운 한 가지는 초등학교 학생 중에 술래잡기를 할 때 술래에게 잡히느니 옆 동네까지 뛰어가는 녀석들이 있다는 것이다. 그래서 경계 표시를 정말 잘해야 한다. 내 동료 중에도 종종 밧줄을 이용하는 사람이 있는데, 수업이 끝날 때쯤이면 시간이 모자라다 보니 밧줄을 깔끔하게 정리하지 않고 완전히 꼬인 상태로 아무렇게나 창고에 던져두는 경우가 있다.

우리 반 아이들은 꼬인 밧줄 풀기의 달인이 되었다. 아이들은 밧줄 풀기 할 시간을 고대하며 기다렸다. 얼마나 빨리 밧줄을 풀 수 있는지 시간을 재기도 한다. 아이들은 밧줄을 푸는 두 가지 방법을 고안해 냈다. 먼저 아이 두 명을 학교 부속 건물의 탑으로 올려 보낸다. 이 작은 탑에는 발코니가 있는데 거기서 학교 운동장이 훤히 내려다보인다. 발코니에 선 아이들은 새의 시점으로 아래를 바라보며, 밑에 모여 서로 밀쳐 대며 꼬인 밧줄을 풀고 있는 아이들에게 도움이 될 만한 사항을 큰소리로 외친다.

아이들이 배운 두 번째 요령은 꼬인 밧줄을 풀 때 '절대로 매듭을 잡아당기면 안 된다'라는 것이다. 매듭을 잡아당기면 밧줄이 더 심하게 엉켜 버려서 거의 손 쓸 수 없게 된다. 대신 아이들은 꼬인 부분을 풀어 좀 더 많은 공간을 만들어 낸다. 시간과 노력을 들인 끝에 꼬인 매듭이 모두 풀리면 아이들은 다 함께 승리의 함성을 지른다. 아이들은 재미있는 활동으로 바뀐 이 허드렛일을 '매듭 게임(Knotty Game)'이라고 불렀다.

노하우 01

꼬인 감정 풀기

아이들이 보여 준 매듭 풀기의 은유는 효과가 놀랍다. 우리가 맺는 모든 관계, 특히 육아할 때도 똑같은 원칙을 적용할 수 있다. 아이와의 관계에서 감정이 꼬이고 긴장 상태에 돌입할 때 무엇을 어떻게 해야 할까?

● 단계 1 : 발코니에 서기

무엇보다 객관성이 필요하다. 객관성을 갖기란 절대 쉽지 않지만 필수적이다. 객관성은 육아라는 높은 탑에 올라가 발코니에 서서 지금 무슨 일이 벌어지고 있는지 관찰하는 데 도움이 된다. 무엇이 부족해서 긴장이 일어났고 무엇 때문에 벌컥 화를 내게 되는가? 그렇다고 운동장에서 벌어지는 활동에서 완전히 떨어져 나오라는 말은 아니다. 좀 더 폭넓은 관점에서 그 활동을 이끌고 지도할 수 있다는 의미이다. 이런 관점을 가지면 큰 도움이 된다. 무분별하게 상황을 엉망으로 만들고 아무것도 수습하지 못하는 게 아니라 혼란한 상황을 잘 식별해 아래쪽에 지시사항을 말해 줄 수 있다. 이에 관해 세 자녀를 둔 한 어머니는 이렇게 말했다. "통제 불능 상태가 되기 전에 내가 한 생각과 관찰이 행동에 영향을 미칠 수 있다는 점에서 도움이 되었어요." 아이에게 부모가 단절되어 있고 무관심하다는 인상을 주지 않으면서 발코니에 설 수 있는 실용적인 방법이 있다.

연결되기 "이렇게 하면 우리 모두 힘들 거라는 걸 알겠어."

당신이 첫 번째 대응을 바꾸면 아이와의 대화 방향이 달라진다. "~라는 걸 알겠어"로 대화를 시작하면 당신이 계속 지켜보고 있었다는 메시지가 아이에게 전달된다. 그리고 당신이 화를 내지 않는다는 점에 모두가 안심하게 된다. 가장 중요한 건 당신이 다정한 마음을 가진 가족이라는 인상이 미세하게 강화되고 아이가 그것을 감지한다는 점이다. 비슷한 효과를 낳는 표현을 몇 가지 더 소개한다.

"이렇게 하면 잘 안 될 것 같아."
"이렇게 하면 네가 정말 성가실 거야."
"지금은 너만의 공간이 필요한 것 같구나. 네가 무엇 때문에 속상한지는 조금 이따가 알아보자."

● 단계 2: 공간 만들기

비난과 짜증에 뒤엉키기는 아주 쉽다. 너무 서둘러 밧줄을 잡아당겨 옥죄는 느낌을 받을 때가 그렇다. 잡아당기면 당길수록 상황의 매듭은 점점 더 꽁꽁 묶여 버리고, 모든 것이 엉키고 들러붙어 꼼짝 못 하는 상태가 되어 버린다. 문제를 해결할 수 있는 실마리가 오해와 분노가 뒤엉킨 혼란 속으로 사라져 버린다. 이렇게 되지 않으려면 매듭에 공간이 생기도록 느슨하게 풀어 줘야 한다.

아이 관점에서 바라보기 "네 생각과 관점을 이해할 수 있게 도와줄래?"

모든 상황은 여행이며 과정이지 목적지가 아니다. 아이들은 힘든 상황이 어떤 식으로 발생하는지에 대해 나름의 관점을 가지고 있다. 우리는 종종 어른인 우리가 보는 관점이 옳다고 간주해 버린다. 성인인 우리는 아이들보다 객관적이고 좀 더 큰 그림을 보는 경향이 있지만, 잠시 멈춰서 아이들의 관점을 물어보면 더욱 효과적으로 육아를 할 수 있다. 무조건 문제를 해결하려 들기보다 항상 아이의 말을 먼저 듣는 게 낫다. 나는 다음과 같이 말하는 걸 좋아한다.

"네 생각과 관점을 이해할 수 있게 도와줄래?"

두세 명이 관련된 상황이라면 이렇게 말할 수 있다.

"네가 보는 관점은 형이나 내가 생각하는 것과 다를 수 있어. 하지만 그래도 전혀 문제없어. 괜찮아."

당신과 아이 둘만 혼란한 상태라면 상황을 다르게 보는 게 정상이라고 설명해 준다. 그러면 진실을 유지하면서 아이와의 유대감을 지속하는 데 도움이 된다. 다른 관점을 수용함으로써 상호 존중을 촉진할 수 있기 때문이다. 만약 형제자매가 관련되어 있다면, 일반적으로 아이들은 부모의 사랑을 얻기 위해 싸움을 벌이기 때문에 상황이 빠르게 악화될 수 있다. 이때 앞서 소개한 두 번째 표현을 사용하면 된다. 그러면 아이들이 서로 자기 말이 진실이며 다른 형제자매가 거짓말을 한다고 주장하면서 당신을 자기 편으로 만들려는 걸 막을 수 있다.

말투 바꾸기 내용이 아닌 말하는 방식 바꾸기

앞서 소개한 두 가지 화법 " ~라는 걸 알겠어"와 "내가 이해할 수 있게 도와줄래?"는 당신의 말투에 서린 날카로움을 무디게 하는 데 도움이 된다. 아이들은 이런 말투에 아주 예민하다. 무엇보다 이 화법들은 아주 실용적인 방법으로 당신이 내면의 다른 장소로 옮겨 가도록 도와준다. 너무도 익숙한 상황 악화의 패턴에 빠지지 않고, 객관성의 발코니에서 바라보며 운동장에 있는 아이와 관계를 맺을 수 있다.

아이들이 매듭 게임을 하며 꼬인 줄을 풀려고 애쓰는 모습을 보면 사랑스럽기 그지없다. 매듭을 잡아당기면 풀리지 않는다는 걸 알면서도 유혹을 이기지 못하고 줄을 잡아당기는 아이들이 있다. 그럴 때마다 누군가 "잡아당기지 마. 그러면 더 심하게 꼬여" 또는 "공간을 만들어야 해"라고 말한다. 한 아홉 살 여자아이가 이렇게 외쳤다. "조르지 마! 숨 쉬게 해 주자." 조르지 않고 숨 쉬게 해 주기. 발코니에 서서 우리 자신과 가족을 관찰하고 애정을 담아 아이와 운동장에서 관계를 맺을 때 가져야 할 마음가짐이 바로 이것이다.

감정을 자극하는 사소하고
습관적인 버릇들

육체적 문제를 치료할 때와 매일 육아를 하며 감정의 타박상을 입었을 때 이에 대처하는 방식 사이에는 아주 유사한 점이 있다. 물리치료사나 작업치료사들은 일반적으로 두 가지 방식으로 문제 부위를 치료한다. 먼저 그들은 어떤 반복적인 행위가 근육에 염증을 일으키는지 또는 관절을 마모시키는지 알아내려 한다. 특정 동작을 반복함으로써 운동 사각지대(movement blind spot)라고 알려진 나쁜 습관이 생긴 경우, 치료하려면 그 행위를 바로 잡아야 하기 때문이다. 그런 다음 치료사들은 손상된 부위를 직접 누르거나 쿡쿡 찌르기보다 주변부를 마사지해 근육을 이완시킨다. 다친 부위에 직접 물리적 힘을 가하면 통증이 더 심해지고 추가로 염증이 생길 수 있기 때문이다. 이런 식으로 치료사들은 긴장이 퍼지는 걸 방지하고 좀 더 편안하게 이완시켜서 염증을 해소한다.

가족 관계에서 우리는 종종 행동의 사각지대(behavioral blind spot)를 만든다. 감정의 염증을 일으키는 일을 반복하는 것이다. 이런 나쁜 습관을 알아차림으로써 고통의 원인을 이해하고 우리가 만들 수 있는 변화에 대해 깊이 생각해 볼 수 있다. 다음은 우리가 주목해야 할 세 가지 나쁜 습관의 예이다.

- 자극적이거나 비꼬는 듯한 의사소통 방식
- 의도치 않게 상대방을 비하하고 깔아뭉개는 태도
- 지나치게 단정적으로 캐묻는 방식

우리가 일부러 이런 태도로 아이와 소통하는 건 아닐지라도, 아이는 반항하거나 위축되는 모습으로 이미 굳어져 반복되는 우리 행동에 반응할 것이다. 나는 이런 반응을 반발(push back) 또는 후퇴(fall back)라고 부른다. 말하자면 아이가 우리로부터 자신을 보호해야 할 필요성을 촉발시킨 것이다.

어떤 문제 상황과 관련해 계속해서 가족을 자극하고 찌르면 감정적 짜증에 불이 붙는다. 물론 아이의 행동이 거슬릴 때가 있다. 특히 똑같은 행동을 반복할 때 더욱 그렇다. 하지만 짜증이 난다고 해서 아이에게 강압적으로 "애처럼 굴래?"라든가 "네가 제일 큰데, 동생보다 나아야지"라고 말하면 긴장만 고조될 뿐이다. 당신과 아이 사이에 예민한 문제가 생겼다면 문제를 들쑤시고 쿡쿡 찌르기보다 주변에 공간을 만들려고 노력하라. 당신의 감정적 반응의 미세한 변화가 놀라운 결과를 가져올 수 있다.

작가이자 비즈니스 마케팅 전문가인 데이비드 레빈(David Levin)은 예상과 달리 성과가 나지 않는 광고를 볼 때면 모든 것을 폐기하고 다시 시작하고 싶은 충동에 사로잡힌다고 말한다. 하지만 그는 유혹에 굴하지 않는다고 말한다. "해야 할 일은 내가 그때까지 보지 못한 것을 찾아내 아주 작게, 방향을 2도 정도 틀어서 변화를 만들어 내는 거예요. 그러면 모든 것이 물 흐르듯 제대로 흘러갑니다." 육아도 마찬가지다. 만약 우리가 어디에서 이러한 작은 변화를 만들어야 하는지 찾을 수 있다면 가족과 연결되는 더 건강한 길이 열릴 것이다.

노하우 02
말하기보다 먼저 듣기

아이는 어른에게 마음을 잘 맞춘다. 그래서 아이와의 관계에서는 따로 숨 쉴 공간을 불어넣을 필요가 거의 없다. 아이와의 관계가 감정적으로 과열되어 있을 때 특히 더 이런 현상이 일어난다. 아이들은 이미 바짝 경계하고 있어서 당신이 조금만 긍정적으로 변하면 바로 그것을 감지하고 긴장이 완화된다. 결국에는 누구나 편안하고 안전한 감정을 원하기 때문이다.

치유가 이루어지는 데 시간이 걸릴 수는 있지만 분명 변화는 진행되고 있다. 10대 자녀 둘을 둔 한 아버지는 이렇게 털어놓았다. "비꼬는

투로 말하는 버릇이 들고 말았어요. '또 시작이네.' 이런 식으로 말하는 거죠. 비하하려는 의도가 아니었고, 그게 소리를 지르는 것보다 낫다고 생각해서였어요. 그런데 그렇게 말할 때마다 아이들 반응이 나쁘더라고요. 나는 아내에게 '재네들이 먼저 시작했어'라고 말하며 스스로를 정당화하곤 했죠. 아내는 '당신도 애랑 다를 게 없어'라고 대꾸했어요. 그러고 나면 아내와도 그다지 생산적인 대화를 할 수 없었어요. 그런데 내가 자제하는 기미를 보이고 태도를 바꾸자 놀라운 일이 벌어졌어요. '좋아. 그러면 여기서 너를 괴롭히는 게 뭔지 말해 봐'라고 말하자, 마치 내가 혼내는 걸 멈추길 줄곧 기다리고 있었다는 듯 아이들이 속마음을 털어놓더라고요."

이 책의 2부에서는 매듭을 잡아당기지 않는 법 또는 아픈 곳을 찌르지 않는 법을 깊이 있게 다룰 것이다. 당신은 앞서 다룬 내용을 감정의 조기 경보 감지 시스템으로 이용할 수 있다. 어떻게 작동하는지 알아보자.

노하우 03
감정의 조기 경보 시스템 구축하기

우리는 종종 문제나 언쟁이 일어날 것 같은 때를 감지한다. 의견 충돌의 연기가 조금씩 피어오르더니 시간이 지나며 점점 더 짙어진다. 하지만 그런 갈등의 조짐에 갑자기 불이 확 붙을 때도 그에 대비할 시간이 몇 초 정도는 있다. 많은 사람이 싸움이 일어나리란 걸 감지할 때의 긴장감을 표현한다. 이는 지극히 본능적인 인간의 반응이다. 한 어머니는 이렇게 말했다. "뭔가 꽉 조여지는 느낌이에요. 전혀 유쾌하지 않게요."

나중에 배우자나 자녀와 언쟁을 하게 될 때, 잠깐 멈춰서 이렇게 꽉 조여지는 긴장 상태를 당신이 어떤 방식으로 경험하는지 곰곰이 생각해 보라. 발코니에 올라가 자기 자신을 내려다보면서 어떻게 반응하는지 살펴보는 것이다. 몸의 어느 부위에서 긴장을 느끼는지, 그 긴장이 어떤 성질을 갖는지 살펴보라. 예를 들어 어깨가 들리고 뻣뻣해지거나 두 주먹을 쥐고 치켜들 수 있다. 목구멍이 뻣뻣하게 조여들어 목소리가 막히는 것처럼 느껴진다고 말하는 부모도 있다. 개인적으로 나는 충격에 대비할 때 취하는 자세처럼 무릎을 감싸는 경향이 있다. 그 순간 겪는 긴장감의 특징을 알아내기 힘들 때는 나중에 곰곰이 생각해 본다. 이런 식으로 스스로를 점검하도록 동기부여를 하면 작지만 중요한 변화가 일어날 수 있다. 어떤 자세나 행동이 문제 부위를 자극하는지 알아내려는 직업치료사처럼 무의식적인 감정적 습관에 빛을 비추는 것이다. 그러면 매번 당신의 반응을 완전하게 바꿀 수는 없겠지만 문제 상황을 좀 더 자주 완화할 수 있다. 알아차림이 늘어날수록 반복되는 감정적 긴장 장애를 피할 가능성이 커진다.

대개는 스트레스 상황에 대한 육체적 반응이 먼저 오고 이어서 봇물 터지듯 말이 쏟아진다. 그렇다. 일은 순식간에 벌어지지만 언제 몸이 긴장 상태로 돌입하는지는 훈련을 통해 알 수 있다. 이는 당신 입에서 자극적인 말이 나오려 한다는 경고 신호 역할을 할 수 있다. 뇌과학이 그 사실을 명확하게 보여 준다. 당신이 관찰하는 뇌(observing brain)의 상태에 들어가는 순간 투쟁-도피 반응을 중지할 수 있다. 당신이 만들어 내는 '잠깐의 멈춤'이 해롭고 해묵은 감정 습관으로부터 자유로워지는 능력을 갖추는 데 매우 중요하다.

결론적으로 당신은 막 조기 경보 시스템을 구축했다. 이 시스템은 소규모의 감정 근육 그룹이 무리하게 일하는 걸 방지하고 훨씬 더 넓은 범위의 감정 근육들을 육아 활동에 사용하게 한다. 이렇게 하루를 보내고 침대에 누우면, 피곤하지만 좋은 하루였다며 뿌듯한 감정을 느끼게 될 것이다.

의도하지 않은 결과를 낳는 무의식적 행동들

대부분의 가정생활은 느리지만 꾸준히 선로를 달리는 기차처럼 하루의 일과를 해내는 과정이다. 경사진 곳을 만나면 기차의 속도가 느려졌다가 다시 속도가 붙어 평소의 리듬을 되찾게 된다. 그런데 어떤 일이 너무 갑작스럽게 발생하면 가족의 삶이라는 기차가 선로를 이탈할 것처럼 느껴진다. 이런 선로 이탈은 위험할 수 있다. 사람들이 다칠 수 있고, 전진 운동이 멈추었을 때 가족을 다시 본래의 궤도로 돌려놓기가 매우 힘들 수 있기 때문이다.

앞으로 살펴볼 네 개의 장에서는 가족이 탈선하게 되는 가장 일반적인 원인을 알아본다. 우리가 해결하지 못한 과거의 어떤 일 때문에 탈선하는 경우가 있고, 현재 일어나는 일에 대한 반응이 기폭제가 되기도 한다. 혹은 아이들이 맞이할 미래에 대한 불안이 원인이 되는 경우도 있다. 우리가 서로 소통할 때, 그 이면에 긴장이 따라와 계속해서 쌓이고 있음을 종종 감지할 수 있다. 이런 원치 않는 행동-반응의 순환 고리를 발견하고 이해하면 가족의 탈선을 막는 데 도움이 된다.

이 책에서 다루는 탈선 사례에 공감하지 못할 수도 있다. 하지만 혹시 공감되고 심금을 울리는 이야기가 있다면, 그때는 잠시 멈춰 책을 내려놓고 당신의 깨달음을 생활에 적용하려 노력해 보기 바란다.

해소되지 않은 감정은 아이들이 먼저 눈치챈다

물건은 쌓인다. 특히 정리해서 보관할 장소가 마땅치 않은 종류의 물건들은 첩첩이 쌓인다. 그러면 지저분하고 정신이 없다. 하지만 우리에게는 대안이나 더 좋은 선택지가 없기 때문에 그냥 내버려 두게 된다. 물건들이 계속해서 여기저기 널려 있고 가로거치기 시작하면 은근히 짜증이 나기 시작한다. 그래서 물건을 주워 들고 여기저기 둘러본 후 다른 곳에 놓아둔다. 하지만 거기도 실은 그 물건을 둘 장소가 아니다.

흥미롭게도 지금의 묘사는 더러운 빨랫감과 해결하지 못한 감정 모두에 해당한다. 대체 왜 이런 일이 일어나는 걸까? 첫째, 앞서 언급했듯 물건을 둘 만한 확실한 장소가 없기 때문이다. 둘째, 물건을 둘 만한 장소가 있다손 치더라도 손이 닿는 곳이 아니면 바쁜 삶을 살아가며 그저 물건을 아무 데나 둬 버리기 쉽기 때문이다. 무엇이 되었건 제자리에 있지 않은 물건은 신경을 거스르고 공간이 어수선해진다.

어떤 물건을 둘 곳이 없거나 있어야 할 자리에 있지 않을 경우, 그 물건이 잃어버렸거나 버려진 다른 물건을 끌어당기는 것 같다고 생각해 본 적이 있는가? 뭔가 희한한 자기력이 작용하는 것 같다. 아이들은 가정과 당신의 마음속에 자리한 무의식의 장소, 해결하지 못한 문제의 장소를 육감적으로 알아낸다. 그리고 당신의 것 바로 옆에 자신의 더러운 감정적 세탁물을 쏟아 낸다. 당신은 결코 원치 않고 보기도 싫은 물건들이 점점 쌓여 가는 걸 지켜볼 수밖에 없다. 그 결과는? 물건을 정리해서 좀 더 깨끗해졌으면 하는 바람이 왠지 점점 신경을 거스르고 쌓여 가는 물건더미를 무시하기 시작한다. '할 만큼 했어. 지긋지긋해'라는 감정이 일면서 화가 나고 허둥지둥하다가 혼란에 빠진다. 결국에는 우리를 궁지로 몰아넣는 해결하지 못한 감정의 잡동사니에 함몰되어 버린다.

남겨진 감정은 언제가 폭발한다

쌓여 가는 물건을 보고 화가 난다면, 그 이유는 물건 자체가 아니라 나에게 그것을 처리할 내적 질서나 조직력이 없다는 좌절감 때문이다. 가수이자 작곡가인 쥬얼(Jewel)이 내게 "감정이 통제되지 않고 폭발한다면, 그건 과거에 그에 얽힌 사건이 있기 때문"이라는 표현을 알려 주었다. 멜로디 비티(Melody Beattie)가 쓴 《내려놓기의 언어(The Language of Letting Go)》라는 책에 나오는 말이다. 나는 이 말이 감정의 격앙된 폭발과 그것을 촉발한 상황이 얼마나 불균형적일 수 있는지를 완벽하게 요약하는 문장이라고 생각했다.

우리가 겪는 대부분의 강렬한 느낌, 과거로부터 해결되지 못한 찝찝한 느낌은 유년기와 10대 시절에서 비롯된다. 하지만 성인의 삶에서도 처리하지 못하는 문제가 있고, 갑작스러운 감정의 폭발을 일으킬 수 있다. 그럴 때 아이들은 겁을 먹고 혼란스러워하며 우리를 경계하고 거리를 두는데, 그것이 부모의 더 큰 문제적 행동을 촉발한다. 이런 식으로 절망적인 불화의 순환 고리가 발달한다.

이 고리를 끊기 위한 첫 번째 단계는 우리가 내려놓지 못하고 해결하지 못한 경험과 그것을 보는 우리의 방식, 관점을 살펴보는 것이다. 연민 어린 대응 연습의 핵심은 무의식적인 감정을 식별한 다음 뭉뚱그리거나 일반화하지 않고 꼼꼼하게 추려 내는 것이다. 이러한 우리의 목표는 그리 까다롭거나 힘들지 않다. 오히려 적절하고 수수하다. 우리가 들여다보는 렌즈의 조리개를 좁혀 과거가 현재 우리의 육아에 어떤 식으로 영향을 미치는지에 초점을 맞추는 일이기 때문이다.

한 아버지가 내게 이런 메일을 보내왔다. "어머니가 워낙 통제가 심한 타입이라 제 말을 전혀 듣지 않았어요. 그게 너무 싫었죠. 그런데 막상 내 아이가 비교적 사소한 상황에서도 말을 듣지 않는 걸 보고… 저는 그만 폭발하고 말았습니다. 이상하게 화가 나더라고요. 그러다 문득 어린 시절 내가 겪었던 고통스러운 경험을 지금 아이에게 똑같이 반복하고 있다는 걸 깨달았어요. 소리 지른다고 아이가 말을 듣는 건 아니라는 걸 이해하는 데 도움이 되더군요. 내가 어머니와 관계를 단절했을 때 했던 행동을 똑같이 반복하고 있었던 거죠."

늘 화목해야 한다는 강박에서 벗어나라

행복을 추구하는 일은 불안한 꿈을 꾸다 잠에서 깨는 것과 비슷하다. 꿈속에서 우리가 강박적으로 추구하는 목표는 계속해서 모퉁이로 사라지며 손에 닿을 듯 말 듯 약을 올린다. 화목 중독(harmony addiction)을 조심할 필요가 있다. 화목에 중독되면 가정생활과 경험이 매일 무지갯빛처럼 아름답기만을 바라고 균형 잡힌 에너지가 넘치기를 바라게 된다. 기쁨은 좋은 것이고 투쟁하고 애쓰는 건 나쁜 것처럼 보인다. 가족 구성원 모두가 행복하고 항상 만족스러워하는 이상적인 그림은 신기루 같은 환상이라는 걸 우리 모두 알고 있지만, 그럼에도 내면 깊숙한 곳에 그 환상을 잡으려는 욕망이 자리하고 있다. 가정에서 벌어지는 일을 보면서, 내가 좋아하지 않는 나의 어떤 부분을 거부한다고 해서 행복해지는 건 아니라는 점을 상기할 필요가 있다. 실패한 육아 경험과 원하지 않는 감정을 모아 파묻어 둘 수 있는 매립지가 있어서 거기에 싫은 감정을 몽땅 던져 버릴 수 있다고 생각하고 싶겠지만 말이다.

과거의 습관이 현재를 왜곡한다

육아를 하며 갈등 상황에 대면할 때 두 가지 주요한 과거의 경험이 불쾌감을 야기할 수 있다. 첫 번째는 "우리는 갈등하지 않아"라고 말하거나 암묵적으로 그런 원칙을 세운 가정에서 자랐을 경우 확연하게 나타난다. 이런 가정은 긴장감을 재빨리 그리고 꼼꼼하게 욱여넣어 절대로 수면 위로 드러내지 않게 만든다. 두 번째는 무분별하고 무차별적인 분노가 빈번하게 노출되는 가정에서 자란 경우이다. 어린 시절 우리는 그저 상황에 압도당했을 뿐이다. 우리는 정제되지 않은 날 것의 감정에 대처하는 법을 모르고 그것을 다룰 권한도 없다. 이 두 가지 극단적인 사례는 육아할 때 다음과 같은 양상을 촉발할 수 있다.

- 갈등이 안전의 결핍으로 이어진다.
- 단계적으로 긴장을 줄이는 전략을 배우지 못한다.
- 강렬한 감정을 만나면 뒤로 물러난다.
- 적절하게 해소되지 못한 오래되고 파괴적이며 상처받은 감정이 반복해서 나타난다. 때로는 수십 년 동안 지속된다.
- 아이가 속상해하면 마음이 불편해지고 화를 내는 아이에게 화가 난다.
- 모든 강렬한 감정을 하나로 묶어 회피 바구니에 던져 버린다. 비교적 문제가 작고 다루기 쉬울 때도 그것을 해결할 기회를 놓친다.
- 화를 깊은 무력감과 연결시킨다.

우리는 아이들과의 관계에서 앞서 언급한 양상을 반복하고, 세대 간의 갈등 혐오나 자신의 분노를 정당화할 위험이 있다. 자신은 "잔혹한 진실을 말했을 뿐이야"라고 말하는 가정에서 자랐다고 주장하는 사람이 있다면, 그는 분노의 정당화로 인한 극심한 고통을 겪고 있는 것이다. 아내와의 관계 때문에 상담을 받으러 온 한 아버지가 정확히 그렇게 말했다. 그는 종잡을 수 없이 화를 쏟아내는 성향을 가지고 있었기 때문에 도움을 얻고 싶어 했다. 내가 그에게 아주 뾰족하게 말해도 괜찮겠냐고 묻자 그가 고개를 끄덕였다. 그래서 아주 분명하고 단도직입적으로, 하지만 친절하게 들리길 바라며 이렇게 말했다. "잔혹한 진실을 말하는 것과 진실을 잔혹하게 말하는 것은 완전히 다릅니다." 효과가 있었다. 그 대화는 이후 우리의 상담에 전환점이 되었다.

열정적으로, 진심을 다해 연민 어린 대응 연습을 실천하면 내 의뢰인이 경험한 것과 같은 변화가 우리에게도 일어날 수 있다. 화목 중독을 피하는 법을 배우고, 긴장은 삶의 자연스러운 부분이며 우리는 그와 더불어 성장한다는 사실을 받아들이면 가정생활에서 건강한 행복의 물결을 현실로 경험할 수 있다.

시대별로 바뀌어 온 육아 트렌드와 부모의 맹신

자녀에게서 우리 자신의 모습을 보는 건 지극히 정상적이고 건강한 일이다. 우리의 신체적 특성과 행동 버릇을 반영하는 아이들을 보면서 우리는 부분적으로 자녀들과 연결되어 있음을 확인한다. 아이가 우리처럼 행동하고 말하는 걸 보면 분명 사랑스럽고, 귀엽기도 하며, 때로는 화가 나고 창피할 수 있다. 아니면 그저 웃길 수도 있다. 하지만 우리의 어린 시절 배경이 아이를 양육할 때 우리의 대응이나 반응과 뒤엉켜 나오는 건 결코 건강하지 않고 도움도 되지 않는다. 우리 삶의 역사, 특히 해결하지 못한 문제가 아이의 경험과 뒤섞여 더 이상 둘을 분리할 수 없을 때 매몰 현상이 일어난다. 이런 현상은 다음과 같은 유해한 방식으로 드러난다.

- 아이들이 우리에게 말하려는 것을 듣지 못하게 방해할 수 있다.
- 일어나고 있는 일에 대해 성급하게 결론을 내리고 상황을 더 악화시키는 방향으로 조언할 수 있다.
- 매사에 과잉반응하고 모든 것을 큰일로 만들어 버리기 때문에 아이들이 자기 삶에서 일어나는 일을 우리에게 말하지 않게 된다.
- 아이들보다 우리 자신을 더 많이 아낀다는 메시지를 보낸다.
- 타인에 대한 우리의 과잉반응을 아이가 창피해할 수 있다.
- 건전하게 문제를 해결하는 모범을 보이지 않고 아이가 그런 상태를 계속해서 흡수한다. 세월이 흘러도 문제 상황에서 벗어나지 못한 채 "뭔가 이상해"만 지속된다.

우리 조부모 세대에는 '양육 방식'이라는 표현 자체가 없었다. 그런데 1960년대 어떤 시점을 기해 "나는 스포크 박사[벤저민 스포크(Benjamin Spock). 미국의 소아과 의사이자 작가, 베스트셀러 《아기와 육아의 상식(The Common Sense Book of Baby and Child Care)》의 저자-옮긴이 주] 방식이 마음에 안 들어", "전에는 1-2-3 매직[미국의 임상심리학자이자 자녀교육 전문가인 토마스 펠런(Thomas W. Phelan) 박사가 개발한 양육법]을 좋아했지만 나한테는 조금 행동주의 방식처럼 느껴져"라는 사람들의 선언이 들리기 시작하면서 집단 육아의 장에 진입하기 시작했다. 아이를 키우는 최고의 방법을 찾고자 했던 사람들은 "요즘은 애착 육아 방식에 더 끌려요. 그런데 이 '아이와 같이 잠자기'는 대체 언제 끝내야 하는 거죠? 우리 침실이 좁아지고 있어서 말이에요"라거나 "사랑과 논리(Love and Logic) 방식을 실천해 봤는데, 우리 집 세 살 꼬마는 내가 아무리 논리적으로 말해도 도대체 관심이 없는 것 같단 말이죠"라는 식의 말들을 했다. 아마 우리 부모도 이렇게 철마다 바뀌며 유행하는 육아법을 한두 가지 정도 시도해 보거나 알아채지 못하는 사이 그것의 영향을 받았을지 모른다. 확실한 건 부모가 우리를 양육한 방식이 우리가 자녀를 키울 때 강력한 영향을 미친다는 점이다. 특히나 힘든 상황에서 말이다.

지금부터 소개하는 육아법의 개요를 읽으면서 이따금 잠시 멈춰서 두 가지 핵심 쟁점을 곰곰이 생각해 보기 바란다. 첫째, 당신이 아이일 때 어떤 식으로 양육되었는지 알아본다. 그렇게 함으로써 당신의 유년 시절에 작동했고 현재 당신의 육아 방식, 특히 배우자나 자녀와 긴장 관계가 형성될 때 필연적으로 튀어나오는 부정적 감정의 암류(暗流)를 파악하게 될 것이다. 둘째, 당신이 채택한 육아 방식을 인식하려고 노력한다. 거기에 초점을 맞추고 주의 깊게 살펴보는 것이 좋다. 왜냐하면 부모의 양육 방식에 대한 당신의 의식적·무의식적 반응이 현재 당신의 자녀 양육 방식을 상당 부분 통제하고 있을 가능성이 크기 때문이다.

시대별 육아 트렌드

지난 90여 년간 유행했던 육아 철학 중 주요한 몇 가지를 살펴본다. 단계적으로 그룹이 형성되고 수십 년에 걸쳐 이어진 철학들로 저마다 인기의 정점을 찍은 것들이다. 육아 방식의 시계추는 10년에서 12년 간

격으로 엄격한 방식과 자유분방하고 좀 더 편안한 방식 사이를 오갔다. 예를 들어 수년간 유행한 자유분방한 육아는 부모가 자녀들에게 '충분한 지도'를 하지 않고, 점점 아이들이 '제멋대로' 행동하게 된다는 집단적 우려를 낳았다. 그래서 다시 제약을 가하는 엄격한 육아 방식으로 돌아가면, 이번에는 부모들이 너무 '빡빡하게' 굴어서 아이들이 '억압받는다'는 우려가 고개를 드는 식이었다.

● 맹목적인 복종의 시대: 1960년대 이전

내가 1980년대와 1990년대에 상담했던 많은 장년은 1930년대 대공황기 혹은 2차 세계대전 시기에 부모가 되었다. 당시 가정을 꾸리고 부양하는 것은 소매를 걷어붙이고 하는 고된 노동과 동의어였다. 그래서 사실상 훈육은 관심 대상이 아니었다. 생존, '어떻게든 극복해 내기'가 훨씬 더 시급한 과제였기 때문이다. 그 시절에는 가정의 모든 구성원에게 부여된 역할이 있었다. 아이들은 자기가 맡은 역할을 적절히 수행해 가족의 생계에 기여하거나 혹은 그러지 못했다. 만약 노력이 부족하면 부모는 아이를 바로잡는 데 초점을 맞췄고 타협의 여지는 거의 없었다. 간단히 말해 부모는 질문받기를 기대하지 않았고, 아이에게 자신이 생각하거나 느끼는 바를 설명해야 할 필요도 느끼지 않았다.

● 과도기: 1946년~1969년

전쟁이 끝나고 1950년대 경제 회복기로 들어서면서 육아 방식이 변하기 시작했다. 새롭게 안정되고 번영하는 사회는 옛 방식을 떨쳐 내고자 했다. 벤저민 스포크는 당대에 큰 영향을 미친《아기와 육아의 상식》이라는 책으로 대중의 관심을 육아에 집중시킨 첫 번째 인물 중 하나였다. 1950년대에 느슨한 의미에서 중산층으로 분류된 많은 부모가 스포크의 조언을 받아들였고, 이는 1960년대와 1970년대 초반에 걸쳐 벌어진 광범위한 변화의 토대가 되었다. 육아에 대한 관심이 사회 전반으로 확산되고, 신문과 잡지 등에 육아 관련 글이 게재되는 등 사회적·경제적 경계를 넘나들며 사람들이 가정생활에 대한 자신의 생각을 표출하기 시작한 것도 바로 이 시기부터였다.

● 자유분방함의 시대: 1970년대

'스포크의 조언에 따라 양육'된 아이들이 1970년대에 10대가 되었다. 이들은 "내가 하는 대로가 아니라 내가 말하는 대로 해"라는 부모의 방식에 강하게 반발했다. 손위 형제가 동생에게 영향을 미치는 일이 빈번해지면서 이 새로운 태도는 여러 연령대로 퍼져 나갔다. 이에 압박감을 느낀 부모들은 자신들이 채택한 양육 방식이 너무 차갑고 가혹한 게 아닌지 염려했고, 조금씩 아이들에게 자유를 허락했다. 의무적으로 해야 하는 집안일도 사라지기 시작했다. 부모들은 가정생활의 의무를 행하도록 부담 지우기보다 아이들이 실험적이며 창의적일 수 있도록 돕는 법에 관해 이야기했다. 아마도 당시 부모들은 자신이 양육된 '무조건적인 복종'의 세계에 반응하고 있었을 것이다. 이제 아이들은 부모와 의논하고 협의하고 토론할 수 있게 되었다. 조금 더 개방적인 부모들은 아이의 "싫어요"라는 말을 수용할 수 없는 반항의 선언이 아닌 건강한 자기표현 방식으로 받아들였다. 하지만 1970년대 중후반이 되자 아이에게 너무 많은 자유를 허락하는 것을 걱정하는 부모들이 나타나기 시작했다. 아이들이 기본적인 수준의 책임감조차 회피하며 제멋대로 구는 듯했기 때문이다.

● 보상과 처벌의 시대: 1980년대

1970년대 후반 심리학자 스키너(Burrhus Federic Skinner)가 주창한 급진적 행동주의 이론에 힘입은 행동수정(Behavior Modification)이 육아에 도입되기 시작해 1980년대에 걸쳐 인기를 얻었다. 스키너의 이론은 특권을 부여하고 빼앗는 방식의 시스템을 지지했다. 다시 아이들을 끌어당겨 줄을 서게 만든 것이다. 그런데 부모들은 보상과 처벌 시스템에 근거해 행동수정을 하면 아이가 부모의 말을 따르는 데 문제가 생길 수 있다고 우려했다. 이런 환경 아래서 자란 아이는 부모의 진정한 권위를 인정하고 받아들이지 않는 경향이 있었다. 아이들은 그저 별, 즉 보상을 받기 위해 부모 말을 따를 뿐이었다. 이 시스템은 아이들을 능숙한 흥정꾼, 협상가, 비용 편익 분석가(cost-benefit analyzer)로 만들었다.

한동안 유행했던 타임아웃(time-out: 아이의 잘못된 행동을 중단시키고 조용한 장소로 격리해 생각할 시간을 주는 훈육법-옮긴이 주)이 이 시기에 좀 더 광범위하게 퍼져 나갔다. 타임아웃은 때때로 '사회적 격리(social exclusion)', '전략적 무시(tactical ignoring)', '소멸 절차(extinction procedure)'라 불렸고 실제로 이런 용어들이 사용되었다. 하지만 시간이 지나면서 부모들은 이런 징벌 방식이 아이에게 부모의 권위에 이의를 제기하지 말고 무조건 따라야 한다는 메시지를 보내며, 둘 사이에 감정적 쐐기를 박는다고 우려했다.

● **관리자가 된 부모: 1990년대**

부모들은 감옥의 교도관이 되기 싫었고, 점차 아이들이 자신에게 유리하도록 시스템을 조정하는 식으로 대응하는 걸 보고는 행동수정에서 벗어나기 시작했다. 육아법의 시계추는 또다시 왕복 운동을 했고 행동관리(Behavior Management)의 시대가 열렸다. 이 시스템에서 아이들은 '팀(team)'이고 부모는 팀을 관리하는 '매니저(manager)'가 되었다. 가족이 무언가를 의논할 때 더 이상 부모가 토론을 주도하지 않으며, 매니저인 부모는 아이와 부모 모두를 포함하는 '팀 모임'을 촉진한다. 부모들이 정확하게 이 용어를 쓰지는 않았을 수 있지만, 이 시스템을 권장하는 책들에서 공통으로 사용된 용어이다.

당시 어머니들은 어느 때보다 더 오래 직장에 머물렀고 전반적으로 늦은 나이에 자녀를 가졌다. 그들은 성공적인 팀을 지향하는 직장에서의 관행을 가정에 도입했다. 인력 매니저로서 부모는 자기 팀(아이들)에게 건강한 선택지를 주길 바랐다. 그러나 이런 방식으로 양육된 아이들은 종종 누가 책임자인지를 혼란스러워했고, 감정적으로 성숙하기 훨씬 전부터 자주 자기 선택에 대한 평가를 받아야 하는 입장에 놓였다. 아니면 타임아웃 벌을 받곤 했다. 그로 인해 '엄마 아빠가 싫어하는 일을 하면 나를 거부하고 구석으로 보낼 거야'라는 두려움이 강화되었다. 이윽고 아이들은 집 안 청소와 같이 부모가 아이와 협력하길 원하는 상황에서 집단적으로 아무것도 하지 않음으로써 노골적으로 부모의 '관리'에 반기를 들었다.

여기서 핵심은 부모가 관리자 노릇을 하는 게 어색하고 그저 어리석다는 것이다. 생각해 보라. 부모 노릇을 사임할 수는 없는 일 아닌가? 그렇다고 아이를 해고할 수도 없다.

● 칭찬으로 키우기: 2000년~현재

1990년대 후반 '부모-관리자' 시스템의 과잉 이후 시계추는 '명령-통제' 육아로 돌아갔다. 일명 행동긍정(Behavior Affirmation)으로, 이 육아 방식은 언뜻 섬세하고 진보적이며 긍정적이어서 아이에게 용기를 주는 것처럼 보인다. 물론 아이를 긍정하고 아이의 도움을 부모가 얼마나 고마워하는지 알게 하는 것은 정상적이고 자연스러운 행위지만, 행동긍정에서는 강도와 빈도에 따라 칭찬이 아예 다른 차원의 것이 된다. 즉 모든 행위에 "훌륭해!"라는 꼬리표가 붙는다. 자세히 들여다보면, 행동긍정은 행동수정의 과정된 버전으로 처벌이 아닌 칭찬을 강조하는 것일 뿐이다. 두 가지 접근 방식 모두 조작적이다. 부모의 관심에 목마른 아이를 인정하고 포상하거나 혹은 못마땅해하며 벌을 줌으로써 아이들을 통제하고 조종하는 방식이기 때문이다. 행동긍정은 오늘날에도 여전히 사용되고 있는데, 본질적으로 아이에게 두 가지 선택지를 준다. 자신이 정말 그 정도로 잘했다고 믿거나 부모가 거짓말을 한다고 느끼는 것이다. 어느 쪽이 되었건 이런 태도는 성인의 삶에 건강하게 반영되지 않는다. 노력하고 받아들이는 태도, 항상 좋지만은 않은 정직한 피드백에 맞춰 행동하는 능력이 삶을 성공적으로 이끄는 데 아주 중요하기 때문이다.

● 설명으로 순종시키기: 2005년~현재

계속해서 설명하며 끊임없이 행동을 정당화하는 부모들이 있다. 이 방식은 칭찬으로 아이를 키우는 방법이 여전히 계속되던 2005년경부터 인기를 얻었다. 부모가 많은 말을 하는 새로운 방식의 조류가 쓰나미처럼 육아의 해안가를 때리기 시작했다. 삶의 모든 국면을 깊고 자세히 말하지 않고는 못 배기는 엄마와 아빠 들이 있었다. 그런데 끊임없이 과한 설명을 듣다 보면 아이가 두 가지 위험에 빠질 수 있다. 하나는 너무 많은 정보를 흡수해 머리가 커져서 작은 발이 지탱하지 못하는 괴짜 교수가 될 수 있다는 것이다. 수치심이나 생각을 과하게 발전시키고 분석하는 아이는 사회성을 키우는 데 중요한 기술을 발달시키지 못할 수 있고 친구를 사귀는 능력도 저해될 수 있다. 또는 부모를 차단하고 무시할 수 있다. 두 가지 중 어느 것이든 부모와의 관계를 방해하고 아이가 사회라는 바다를 헤쳐 나가는 데 필요한 능력을 저해할 수 있다.

지금까지 시대별로 큰 영향을 미친 육아법을 간략하게 살펴보았다. 자신이 어린아이였을 때 부모님이 이 중 어떤 육아법을 선택했는지 확실하게 아는 사람이 있을 것이고, 다소 기억이 희미한 사람도 있을 것이다. 가끔 한 가정에서 상반되는 육아법을 경험하는 아이들이 있는데, 그러면 아이들이 혼란스러워하며 방향을 잃을 수 있다. 세 아이를 둔

한 어머니로부터 이런 메일을 받은 적이 있다. "용어 자체는 몰랐겠지만, 엄마는 행동관리법으로 우리를 양육했어요. 여러 가지 선택지를 주고 협상하게 했죠. 물론 엄마는 다정하게 대하려는 의도였지만 본의 아니게 아빠가 힘들어했어요. 아빠는 행동수정을 강하게 하는 유형이었거든요. 아빠는 자주 화를 내며 우리가 누릴 권리를 취소하고 몇 시간 동안 타임아웃을 시키곤 했어요."

노하우 04

과거에 매몰되지 않기

잠시 당신의 유년 시절을 떠올려 보라. 부모님의 양육 방식이 어떠했는가? 부모님이 어떤 육아 패턴을 밟았는지 알아보고, 그것이 여전히 당신과 당신의 육아에 어떤 식으로 영향을 미치는지 살펴보라. 적극적으로 자신의 육아 성향을 관찰하려 노력하면 자기 인식(self-awareness)이 커지고, 부모에게 물려받은 패턴으로 휩쓸려 갈 때 자신을 붙잡을 가능성이 높아진다. 아마도 당신은 부모님의 방식 중 괜찮다고 생각되는 것을 자신의 육아에 기꺼이 차용할 것이다. 그러나 대개의 부모는 자신이 어렸을 때 제약을 받았거나 해롭다고 느꼈던 징계 방식을 자신의 아이에게 떠넘기길 원치 않는다. 여기서 중요한 점은 잠시 멈춰서 자신이 과거에 경험한 패턴을 숙고하고 좀 더 알아차린 상태에서 의식적인 결정을 내리는 것이다.

여기 매몰 현상을 그냥 넘기지 않으려고 의식적으로 노력했던 한 부모의 사례를 소개한다. 11살짜리 아들을 둔 한 아버지가 아들 일로 상담을 요청한 경우였다. 아들은 아버지에게 자신이 학교에 새로 온 선생님에게 괴롭힘을 당했다고 털어놨다. "아이가 말을 끝내기도 전에 그 선생님이 너에게 그렇게 할 권리가 없다고 말했어요. 잔뜩 화가 난 채로 말이죠. 그리고 아이에게 네 기분이 어떨지 잘 알고 있으니 아빠가 바로 해결하겠다고 말했어요." 이 아버지는 자신도 중학생 때 '똑똑한 아이'가 아니어서 어떤 고약한 선생님에게 찍혔다고 느낀 적이 있다고 말했다. 비록 학창 시절에 굴곡이 있었지만, 성인이 되어 그는 부동산 개발업자로 성공을 거뒀고 사회 생활을 할 때도 항상 자신감 있고 당당하게 행동했다. 그런데 그날 저녁 초라했던 학창 시절의 경험을 상기하니 분노가 끓어올라 같은 사람이라고 생각할 수 없을 만큼 다른 누군가로 변해 버렸다.

다음 날 아침 아이를 학교에 데려다주는 차 안은 여느 때와 달리 매우 조용했다. 속이 부글부글 끓어오른 아버지는 아이를 내려 주고 자신도 교실로 따라 들어갔다. 그리고 선생님에게 무례하게 항의함으로써 다른 아이들 앞에서 아들을 창피하게 만들었다. 아들은 아빠가 공개적으로 보인 행동 때문에 매우 당황했고, 나중에 반 친구들이 "너희 아빠 정말 이상했어"라고 말했다며 속상해했다. 그는 그 일을 아내에게 말했고, 그날 저녁 창피해서 학교에 가기 싫다는 아들로부터 자세한 이야기를 전해 들은 아내는 남편에게 상담받아 볼 것을 권했다.

그렇게 함께하게 된 우리는 매몰 현상이 어떻게 그를 분노하게 만들었는지 알아보고, 연민 어린 대응 연습을 이용해 아들과 연결될 방법을 모색했다. 연민 어린 대응 연습을 실천하면 부모가 자신이 과거에 경험한 일과 현재 자녀에게 필요한 일을 구분할 수 있게 된다. 그가 원했던 건 아들이 학교에서 안전하다고 느낄 만한 실질적인 계획을 세우는 것이기에, 일단 마음을 가라앉히고 일주일 동안 연민 어린 대응 연습을 실천했다. 그러자 어느 정도 자기 자신의 경험과 아들의 경험을 분리할 수 있게 되었고, 다시 선생님을 찾아갈 수 있었다. 선생님은 그의 아들이 수줍음을 많이 타는 성격인 것 같다고 말했다. 용기를 북돋아 주는 차원에서 수업 시간에 불러내 질문에 답하게 했는데, 이를 두고 아들은 선생님이 자신을 괴롭힌다고 해석한 것이다. 그는 선생님에게 아들을 지목해 질문을 던지기보다 일대일로 대화를 나누는 방법이 더 나을 것 같다고 제안했고, 두 사람 모두 그게 더 좋은 방법이라는 데 동의했다. 그는 선생님에게 선을 넘은 자신의 행동을 사과했다. 그리고 집에 돌아와 앞으로는 더 조심하는 아빠가 되겠다고 아들에게 말했다.

사실 이 아버지에게 일어난 일은 특별한 사례가 아니다. 가족을 보호하려는 건 우리가 가진 가장 기본적인 본능 중 하나이다. 아이들과 소통할 때, 우리가 살면서 배운 것을 인생의 고통스러운 순간에 적용하려 하는 건 지극히 정상적이다. 그러나 원시적인 반응은 단지 시작점일 뿐이다. 이를 1루 베이스를 밟은 반사적 육아라고 생각해 보자. 이어서 우리는 2루와 3루까지 가야 하는데, 그러려면 자기 자신의 이야기를 자제하기 위한 힘을 모아야 한다. 과거를 거부하거나 부정하라는 의미가 아니다. 과거를 의식적으로 배경에 두어야만 아이의 실제 경험을 들을 수 있기 때문이다. 아이의 경험은 그들만의 고유한 것이다.

앞선 이야기 속 아버지는 자신의 매몰 성향을 극복하기 위해 분투했다. 아이와의 상황에서 자신의 과거 기억이 소환되는 자극을 받을 때, 잠시 시간을 가지고 기억을 객관적으로 인식하는 법을 배웠다. 이런 식의 기억 상기는 그를 앞으로 나아가게 하는 강력한 신호가 되어 주었고, 그가 아들의 말에 귀 기울이고 가능한 경우 계획을 세우는 데도 도움이 되었다.

결론적으로 퇴행적 과거나 스트레스 퇴행 반응을 촉발하는 상황이 발생한 뒤 1~2분 이상 거기에 빠져 있으면 매몰될 위험이 커진다. 하지만 그럴 때 현재와 미래를 계획하도록 태세 전환을 할 수 있다면, 아이가 부모를 가장 필요로 할 때 온전히 곁에 있어 주면서 그들의 성장에 필수적인 것을 지원해 줄 수 있다.

시도 때도 없이 부모를 자극하는 아이들

아이의 나쁜 행동을 개인의 문제로 국한하면 안 된다는 걸 우리 모두 알고 있다. 하지만 한참 문제가 진행되고 있을 때는 아이와 부모가 그 문제를 두고 소통하기 어려워지는 경우가 종종 발생한다. 자주 화를 내고 언쟁하려 드는 9살 딸을 둔 한 어머니가 그런 심정을 털어놨다. "딸애가 하는 말과 비난에 저는 심하게 상처를 받아요!" 그녀는 딸이 얼마나 자신을 부당하게 대하는지 이야기했다. "얘는 어떻게 하면 내가 열 받는지 정확하게 아는 것 같아요. 특히 내가 무엇에 예민한지 귀신같이 알아요." 그녀는 이혼에 대한 죄책감에 더해 혼자 아이를 키우는 일이 너무 걱정된다고 토로했다. "딸이 내가 밉다고, 친구 엄마들은 나보다 훨씬 더 친절하고 좋다고 말할 때 가장 약한 부분을 찔린 것 같은 기분이 들어요. 직업상 저는 오랜 시간 직장에서 일해야 하는데, 그러다 보면 짜증이 나거든요."

이런 방어적인 마음가짐은 생각보다 훨씬 더 일반적이다. 이런 상황을 접할 때 이해하고 넘어가야 할 몇 가지가 있다. 먼저 당신 스스로를 아이와 소통하기 어려운 존재로 만드는 건 절대 도움이 되지 않는다. 이성적으로는 알고 있지만 막상 현실에서 여전히 자주 일어나는 일이다. 상황을 개인적인 문제로 받아들이면 관계의 미로에 빠질 수 있다. 꼬불꼬불한 언쟁의 미로 속에서 길을 잃기 쉽고, 그러다 보면 어쩌다 이런 일이 일어났는지 의아해하다가 끝나 버리기 십상이다. 최악은 그 미로에서 빠져나오지 못하고 혼자 서 있는 자신을 발견하는 것이다.

자녀와 의지 싸움을 벌이는 것 같다고 말하는 부모가 너무도 많다. 한 아버지는 자신이 "포위되어" 있었고, 아이의 행동으로부터 스스로를 방어해야 할 필요를 느꼈다고 말했다. 나는 언젠가 한 번 부모들에게 자녀가 일부러 부모를 힘들게 하려고 그렇게 행동하는 것 같으냐고 물었다. 농담처럼 물어본 말에 놀랍게도 상당수 부모가 그렇게 느낀다고 대답했다. 아이들이 부모를 자극하는 데 워낙 능하기 때문에 그렇게 생각될 수 있다. 하지만 장담컨대, 아이들은 의도적이지 않다. 무의식적으로 그렇게 행동하는 것이다. 10대를 포함해 당신의 자녀는 아침에 일어나 당신을 열받게 할 일 목록을 찬찬히 살펴보고, 그중 가장 효과적인 걸 골라 최대한 심하게 상처를 줄 수 있는 순간을 기다리는 게 아니다.

자기 행동을 정당화하려 하지 마라

나는 앞서 언급한, 딸의 비판에 매우 민감해졌다는 어머니에게 핵심은 딸의 말이 진실인지 아닌지 또는 얼마나 상처가 되는지가 아니라 그녀의 반응 강도와 대응 방식이라고 말해 주었다. 나는 그녀에게 다른 아이들도 부모에게 그런 식으로 말한다고 생각하는지 물었다. 그녀는 분명히 그럴 거라고 확신했다. 그렇다면 모든 부모가 그녀처럼 반응한다고 생각하는지 물었다. 그녀는 최근 놀이 약속에 간 작은아들을 데리러 갔다가 목격한 일을 들려주었다.

아들의 친구는 놀이가 끝난 게 속상한 나머지 화난 목소리로 아버지에게 소리쳤다. "아빠는 항상 내가 놀고 있는데 멈추게 해." 아이의 아버지는 겉보기에 전혀 짜증스럽지 않은 태도로 대응했다. 그저 명랑하게 "애런하고 재미있게 놀았지? 이제 애런의 어머니가 애런을 집에 데리고 가실 거야"라고 말했다. 그러자 그 작은 꼬마는 여전히 골이 나 있었지만 더 이상 아무 말도 하지 않고 차를 타고 사라졌다. 친구에게 잘 가라고 손을 흔들어 주면서 말이다. 그녀와 나는 그때 아이가 했던 말이 사실일 가능성이 크다는 데 동의했다. 하지만 아이의 아버지는 아들의 냅다 찌르는 공격에 반응해 스스로를 방어하려 하지 않았다. 그랬기 때문에 아이는 진정하고 금방 상황을 받아들였다.

아이와 부모 사이에 벌어지는 언쟁이 가혹하지만 진실에 관한 것이라면 모든 부모가 꽤 자주 화를 낼 것이다. 그런데 그렇지 않다. 당황한 그녀가 나에게 물었다. "아이가 끔찍한 말을 해서 내가 죄책감을 느끼는 게 갈등이 아니라면, 대체 뭐가 문제인 거죠?" 나는 이렇게 답했다. "당신이 최고로 좋은 엄마인지 혹은 최악의 엄마인지가 중요한 게 아닙니다. 어떤 순간에 아이가 당신을 사랑하는지 아니면 미워하는지도 핵심이 아니고요. 당신이 아이에게 어떻게 반응하는지, 당신의 어떤 말이나 감정적 반응이 아이를 자극하는지 아는 게 더 중요해요."

이 경우는 어머니의 분노와 자신을 보호해야 한다는 인지적 욕구가 딸과의 상호작용을 악화시켰다. 더욱 걱정스러운 건 그것이 어머니를 지배하도록 아이에게 힘을 부여한다는 점이다. 이것은 아주 간단한 인간관계의 역학이다. 우리가 한 행동을 반드시 정당화시켜야 한다고 느낄 때 우리는 위축된다. 위협이 커지면 당하는 쪽은 쪼그라들게 마련이다. 법정을 예로 들어 보자. 법정에서 가장 강한 권한을 가진 사람이 누구인가? 증인석에서 자신을 변호하는 사람인가 아니면 기소하는 검사인가? 우리가 가정이라는 법정의 증인석에 앉는 가장 빠른 방법은 아이가 내뱉는 날카로운 말에 대항해 자신을 방어하는 데 급급해지는 것이다. 여기서 이해해야 할 점은 상황을 개인적으로 받아들일 때 문제가 발생한다는 것이다.

방어적인 태도는 아이를 불안하게 만든다

짜증 나고 답답해하는 아이가 고약한 말을 할 때 당신이 방어적으로 대응한다고 느낀다면, 아이는 힘의 균형이 기울어졌음을 알아차린다. 그런 일이 의식적인 수준에서 일어나지는 않겠지만, 아이는 당신이 중심에서 벗어나 견고한 바닥에 서 있지 않다는 걸 인지한다. 이상하게 들릴지 모르지만, 그렇게 감지된 당신의 불균형 상태가 아이에게 공황을 유발한다. 근본적으로 아이가 당신에게 맞서던 경계가 무너졌기 때문이다. 안정감이 없어지면 아이는 감정적으로 불안해한다. 지금까지 기대고 의지해 온 벽이 있었는데, 그 벽이 아이의 무게를 지탱하지 못하고 무너진 것이다. 그러면 아이는 추락하는 느낌을 받고 갑자기 불안해하며 방향을 잃는다. 자신이 의지하는 사람, 자신을 책임지는 사람이라고 굳건하게 믿었던 사람이 뒤로 물러나고 심지어 지도자 역할마저 거부했기 때문이다. 이럴 때 아이는 어쩔 수 없이, 다소 필사적으로 뛰어들어 자신이 경험한 지도자의 공백을 메우려 애쓴다. 반항하려는 게 아니라 다시 안정감을 얻으려는 의도에서 그렇게 행동한다는 걸 이해하는 게 중요하다.

아이의 도전적인 말과 행동은 불안하다는 신호다

아이가 뭔가를 시험 삼아 한 번 해볼 때, 실제로 그들은 무엇을 하고 있는 걸까? 《훈육의 정신(The Soul of Discipline)》에서 나는 "일부러 반항하는 아이는 만나 본 적이 없다. 아이들은 그저 방향을 잃었을 뿐이다"라고 썼다. 아이가 계속해서 부정적인 행동을 한다면 그건 감정적으로 길을 잃었다고 느끼기 때문이다. 이는 사람이 경험할 수 있는 가장 불안한 상태 중 하나이다. 그럴 때 아이들은 누구에게 의지할까? 바로 우리다. 부모인 우리! 아이들은 마치 음파 탐지 시스템을 사용하듯 우리의 반응을 끌어내기 위해 도전적인 행동이나 말을 마구 토해 낸다. 그렇게 하면서 자신들이 느끼는 것을 이해하고 다시 방향을 잡아 나간다. 바다의 항해사들은 이를 '핑잉(pinging)'이라고 부른다. 모든 부모는 관심을 끌려는 아이의 이런 행동에 노출되고 신호를 받기 마련이다. 여기에서 자유로운 부모는 단 한 명도 없다. 희망적인 건, 아이가 우리에게 그렇게 행동하는 이유는 우리가 가장 믿을 수 있는 사람이기 때문이다. 아이들의 까다롭고 어려운 행동 역시 일종의 소통 방식이다. 주의 깊게 듣고 섬세하게 반응을 조정하는 게 부모인 우리가 해야 할 일이다.

아이들은 언제 부모에게 신호를 보낼까

아이들은 감정적으로 방황할 때 부모에게 신호를 보낸다. 친구와 관계가 원만하지 않거나 무시당했다고 느낄 때 이런 일이 발생할 수 있다. 예를 들어 학교에 새로운 아이가 전학을 왔다고 생각해 보자. 그 아이가 당신의 자녀가 오랫동안 의지해 온 친구와 독점적으로 끈끈하게 우정을 쌓으면, 아마도 당신의 아이는 슬퍼하고 길을 잃었다고 느끼며 방황할 것이다. 그리고 당신에게 버릇없이 굴며 신호를 보낼 것이다. 일부러 당신을 힘들게 하려고 그러는 게 아니다. 자기 사회성의 토대가 흔들린다고 느껴서 딛고 설 만한 탄탄한 기반을 찾는 것이다.

아이가 도전적인 행동이 아니라 위축되고 침잠하는 형태로 신호를 보낼 수도 있느냐고 한 어머니가 물은 적이 있다. 그렇다. 그런 경우 아이는 버릇없이 구는 게 아니라 가라앉고 있다. 달리 표현하면 밀쳐 내는 게 아니라 물러나는 것이다. 두 가지 상황 모두에서 아이가 본연의 모습을 찾으려면 우리의 도움이 필요하다. 아이가 길을 잃었다고 느낄 수 있는 몇 가지 다른 이유를 살펴보자.

- 아이는 학교에서 오해받고 있다고 느낀다. 다른 아이들뿐 아니라 선생님, 교직원 모두 자신을 잘못 알고 있다고 생각한다.
- 학교 숙제가 너무 많고, 방과 후 활동과 운동 때문에 스트레스를 받고 있다.
- 고된 나날과 학교생활을 잘 헤쳐 나가는 데 도움을 줄 선생님, 멘토, 조언자가 없다고 느낀다.
- 수업 시간에 무엇을 배워야 하는지 이해할 수 없고, 그래서 낙제할까 봐 두렵다.

또한 가정에서 다음과 같은 큰 변화가 일어날 때도 아이들은 반항하는 듯한 태도를 보일 수 있다. 그럴 때 역시 우리가 다시 방향을 잡아 줄 필요가 있다.

- 다른 집으로 이사 갈 때
- 사랑하는 가족이나 아끼던 반려동물의 죽음

- 가정에 영향을 미치는 경제적 압력
- 가족이 심각하게 아픈 경우

아이가 신호를 보내는 이유를 정확히 알아채기 힘든 경우는 아이가 발달상의 변화를 겪고 있을 때이다. 대개 아이들은 2세, 6세, 9세, 14세 때 육체적·인지적·사회적 변화를 겪는다고 보는 게 일반적인 견해이다. 그러나 이 패턴이 고정불변한다고 볼 수는 없다. 삶은 매우 풍성하면서도 복잡하기 때문에 아이들에 따라 다양한 연령에서 변화가 일어날 수 있다.

우리 가족 역시 그런 시기를 보냈다. 평소 얌전하고 명랑하며 쾌활한 아이였던 딸이 14살이 되자 가족 간 소통을 방해할 만큼 날카롭고 냉소적인 말을 해 댔다. 처음에 나와 아내는 당황하고 마음도 많이 상했지만, 아이가 발달상의 변화를 겪는 중이라는 걸 깨닫고는 "지금 네가 힘들다는 건 알지만 그런 말은 너무 심하구나"라고 말할 수 있게 되었다. 그러면 아이도 조금은 누그러졌고, 나중에 다시 우리와 어울렸다. 이는 자신이 안전하고 부모에게 이해받고 있음을 느낀다는 신호였다.

'판을 바꾸는 신의 한 수'라는 꼬리표가 붙은 육아 기법이 많다. 하지만 그런 표현은 길고 긴 삶의 여정을 한 판의 게임으로 격하시킨다. 아이는 일부러 반항하는 게 아니라 자주 길을 잃을 뿐이라는 사실을 진정으로 이해하고 받아들이면, 우리는 통찰력을 갖추고 연민을 담은 탄탄한 기반 위에 서서 최고의 모습으로 아이와 소통할 수 있다.

노하우 05

호기심으로 다가가기

수년 전 처음 뉴욕시에 도착했을 때 "잘 지내니?" 하고 사람들이 인사하는 걸 들었다. 그러면 "특별한 일 없어", "그냥 빈둥대고 있지", "열심히 일하고 있어" 등의 대답이 들렸다. 나는 이 간단한 인사말에서 다정함과 진심으로 상대방의 안부를 궁금해하고 있다는 느낌을 받았다.

마찬가지로 자녀가 길을 잃었을 때 잠시 멈춰서 속으로 "왜 그렇게 말하는지 궁금한데?", "무슨 일 있어? 왜 그렇게 언짢아해?", "내가 놓치고 있는 게 있을까?"라고 스스로에게 물어볼 필요가 있다. 심장이 한두 번 두근거리는 시간이면 반사적인 짜증과 축적되는 분노에서 벗어나 무엇 때문에 아이가 그런 행동을 하는지 진심으로 궁금해하는 태도로 대응 방식의 궤도를 전환할 수 있다. "거기 그냥 서 있지만 말고 뭐라도 좀 해 봐"라는 말은 여기에 적합하지 않다. 잠시 멈춰서 방향을 잃은 아이의 상황을 깊이 헤아려 보고, 그런 다음 반응하면 훨씬 더 건강하고 잘 조정된 방식으로 대응할 수 있다. 내가 해 주고 싶은 말은 "뭔가를 하려 하지 말고, 그 순간 그저 거기 있어라"이다.

내가 이런 방식을 좋아하는 이유는 단순하기 때문이다. 잠시 멈춰서 앞서 언급한 질문을 자신에게 던질 때 답은 중요하지 않다. 당신이 진심 어린 호기심을 안고 속상해하는 아이 곁에 다가갔다는 사실만으로도, 당신 내면에 자라고 있을지 모르는 비판이나 반감을 다른 감정으로 바꾸거나 해소할 수 있다. 금방 지나가 버리는 탁월한 육아의 순간보다 이것이 더 중요하다.

노하우 06
부드럽게 대하기

우리는 수천 년 동안 몸짓 언어를 읽는 능력을 발전시켜 왔다. 아이들은 특히 이 능력이 탁월하다. 말하기 능력을 발전시키는 와중에 여전히 우리의 태도나 표정을 통해 전달되는 미세한 신호에 크게 의존하기 때문이다. 앞에서 우리는 대치 상황에서 긴장으로 인해 몸에 힘을 꽉 주게 되는 순간을 식별하는 법에 관해 이야기했다. 긴장을 풀고 반항하거나 흥분한 아이에게 진정으로 궁금한 마음과 관심을 가지고 다가가면, 눈이 부드러워지고 자세도 편안해진다. 그러면 아이도 긴장을 풀고 상황이 부드럽고 너그러워지기 시작한다.

아이들이 화가 나 있을 때는 그들이 가장 연약한 순간이기도 하다. 이때 아이들은 부모와 자신 사이에 흐르는 감정의 물결에 생기는 변화에 극도로 민감하게 반응한다. 부모의 얼굴이 굳거나, 눈을 가늘게 뜨거나, 머리를 떨구거나, 가슴을 펴고 똑바로 서거나, 눈에 띄게 엄하고 날카로워지면 아이는 더욱 깊숙이 투쟁(fight)-도피(flight)-경직(freeze) 상태 또는 집단 생존 상태로 돌입한다. 반대로 알아보기 힘들 정도로 미세한 움직임, 가령 눈이 부드러워지고 어깨의 긴장이 풀리거나 꽉 쥔 손을 푸는 등의 신호를 감지하면 아이의 신경 체계도 긴장이 풀린다.

내 아이를 상대하며 이렇게 할 수 있을 때, 나는 굳건히 뿌리내리고 선 아주 오래된 참나무가 된 듯한 기분이 든다. 아이들이 격렬한 감정의 열기를 식히도록 그늘을 만들어 주는 그런 나무 말이다.

아이가 대들 때, 반항하려는 게 아니라 단지 길을 잃었기 때문이라고 인정하고 이해하면 좀 더 수용적인 태도를 가질 수 있다. 그러면 우리 대응도 다정한 쪽으로 기울어지고, 아이들이 온전히 받아들임을 필요로 하는 순간이 언제인지를 이해하게 된다.

점점 자기 자신을 잃어가는 부모들

지난 20년간 나는 전 세계 수많은 공동체에서 이 책에서 말하는 원칙들을 살펴보는 워크숍을 열었다. 일상생활에서 무엇이 우리를 열받게 만드는지 알아볼 때, 그 어떤 문화권에서든 공통적으로 나오는 몇 가지 양상이 있었다. 그것들을 살펴보자.

감사해하지 않는 아이는 부모가 만든다

우리는 아이들을 위해 아주 많은 일을 한다. 매일 서커스를 하듯 몇 가지 일을 한꺼번에 거뜬히 해내는 자신을 보면 놀라울 지경이다. 나는 세 자녀를 둔 한 어머니가 보낸 다음과 같은 메일을 워크숍에서 공유한 적이 있다. "내가 가진 모든 기술과 재주를 동원해 아이들을 각자 가야 할 곳에 데려다주기 위해 마을 한 바퀴를 돈 다음, 일을 끝내고 다시 안전하게 아이들을 집으로 데리고 와요. 그러면 나는 사람들의 환호와 박수갈채를 받으며 시상대에서 자랑스럽게 금메달을 받아야 할 것 같은데, 현실은 전혀 그렇지 않아요. 아이들은 차에서 내려 발을 질질 끌며 집으로 들어가요. 배고프다고 투정하면서 말이죠. 그러면 달리 할 수 있는 게 없어요. 그저 침묵의 비명을 지를 뿐이죠." 워크숍에 참석한 사람들은 다들 공감한다는 듯 쓴웃음을 지었다.

아이를 위해 어떤 일을 할 때, 우리는 아이에게 부모의 노력과 보살핌에 대한 감사와 고마움을 심어 주기보다 과도한 기대를 만들고 그것을 당연시하는 경향이 있다. 그 결과 우리 마음속에서 천천히 그리고 계속해서 신랄함이 몸집을 키운다. 워크숍에 참석한 한 아버지는 이렇게 말했다. "사랑하는 마음으로 모든 일을 다 했는데, 요즘은 곧잘 분개합니다." 노고를 당연시하는 일을 일상적으로 경험하면 내면에 유해한 독소가 쌓일 수 있다. 그러면 마음속으로 알고 있고 이성적으로도 인지하지만, 부모로서 우리 자신과 전반적인 가정생활에 전혀 도움이 되지 않는 태도와 방식으로 행동하게 된다. 갑자기 화를 내거나 끓어오르는 분노를 억누르다 마침내 그것이 냉소가 되어 수면 위로 드러날 수도 있다. 우리의 목소리, 표정, 단어, 몸짓에서 그것들이 분명하게 드러난다. 무엇이 되었건 이런 행동은 전염성이 있다. 아이들이 그것을 알아채면 소통할 때 냉소적이고 상처 주는 방식을 습득하게 된다.

노하우 07

일상적인 감사 연습

당신과 배우자, 친구, 아이들이 서로를 위해 하는 모든 작은 일에 감사의 말을 전함으로써 고마움을 표현하는 본보기를 보인다. 과장할 필요는 없다. 일상적인 어투로 고마움을 표시하고 그것을 건강한 습관으로 만든다.

때때로 아이들에게 당신이 그들을 위해 하는 일을 알려 주고 고마움을 표현하도록 상기시킬 필요가 있다. 한 부부는 자녀들에게 작은 감사를 표하는 법을 본보기로 보여 주기로 약속했다. 예를 들어 차에 타면 운전하는 사람에게 목적지까지 운전해 준 데 고마움을 표현하고, 아이들이 차에서 내리기 전에 똑같이 하게 시켰다. 깨끗하게 빨아서 정갈하게 개어 놓은 옷이 마술처럼 침대 위에 놓여 있는 걸 보면, 어머니와 아버지가 자신들을 위해 한 일에 대해 간단하게라도 고마움을 표현하라고 아이에게 부탁해도 괜찮다. 감사의 표현이 자연스럽고 당연한 일이 되도록 하는 게 가장 좋다. 조바심과 짜증을 억제하는 태도를 보이거나, 특히 참을성 있는 성자처럼 굴지 않는다. 그저 아이에게 그들을 위해 당신이 한 일에 고마움을 표현하라고 부드럽게 요구하라. 처음에는 당신이 한 일을 알려 주며 아이들을 가르쳐야 할 수도 있지만, 시간이 지나면 아이들 스스로 알아차릴 것이다.

육아는 사소한 일, 우리가 일상에서 다른 사람들과 주고받는 무수한 교류에 주의를 기울이는 일이다. 아이들에게 고마움을 표현하는 법을 가르치는 것, 누군가 그들을 위해 한 일에 대해 "고맙습니다"라고 말하게 하는 것은 모두를 위한 큰 친절을 실천하는 일이다.

일과 육아의 이중고에 시달리는 부모

부모들은 과도한 육아의 압박에 관해 이야기하면서 자신을 억누르는 두 가지 주요 영역을 감지한다. 첫 번째는 가족에 관한 것이다. 하루를 살아내기 위해 갖은 수고와 노력을 들인 부모는 종종 자신이 괴롭힘당하는 개인 비서와 무급 택시 운전사 중간쯤에 있는 피해자가 된 것 같은 느낌을 받는다. 자녀가 둘 이상인 경우라면 삶은 순식간에 희비극으로 전환될 수 있다. 두 번째는 가정이 아닌 외부에서 비롯되는 압박과 관련이 있다. 학업을 계속해야 할 때 필수적으로 받아야 하는 직업 훈련, 또는 종종 그렇듯 직장 생활을 하며 매일 감당해야 하는 일이 늘어나면서 받는 스트레스를 들 수 있다. 무엇이 되었건 폭격은 지속된다는 점에 모두 동의한다.

어디든 항상 휴대하고 다니는 첨단 기기 사용이 널리 일반화되면서 일로 인한 압박도 더욱 가중되었다. 최신 기술이 집약된 기기들은 주머니나 지갑 속에 담겨 집까지 우리를 따라와 무차별적으로 상시 경보를 울려 댄다. 부모는 직장 업무와 관련된 문제에 대해서는 항상 대기 중이어야 한다는 압박감을 느낀다. 아이를 돌보는 일에 온전히 집중해야 한다고 느끼는 순간에도 그런 압박에서 벗어날 수 없다. 그 결과 우리는 일과 가정생활이라는 경쟁적이고 부담스러운 일을 곡예를 부리듯 동시에 해내야 하는 어려움을 겪고 있다. 직업 안정성을 확보하기 위해서는 직장 문제를 신경 쓰지 않을 수 없다. 가족의 경제적 생존이 거기에 달려 있지 않은가? 그런데 가정을 먹여 살리는 일이 동시에 지속적으로 가정을 침범하는 침입자가 되기도 한다. 반복적으로 가정생활의 해안가에 폭풍우를 몰고 온다. 공동 육아를 하는 부부 사이에 피어오르는 긴장감이 아주 좋은 예다. 한 사람이 다른 배우자에게 이렇게 외친다. "제발 그 전화기 좀 치우고 아이 재우는 것 좀 도와줘!"

노하우 08

고단한 육아에서 벗어나는 단순한 일상 루틴 4가지

가족을 압도하는 스트레스 요인으로부터 아이와 우리 자신을 보호하고 동시에 아이에게 감사의 가치를 가르칠 실용적인 방법 몇 가지를 살펴보자. 스트레스받는 사람들을 치유하는 출발점은, 먼저 오늘날 대형화되고 속도가 빨라진 가족 생활방식이 새로운 표준이라는 데 의문을 제기하는 것이다. 그리고 다음의 4가지 방법을 적용해 생활을 단순화해 보자. 수년 동안 나와 함께 작업한 부모들은 이런 요령들이 쉽게 실천할 수 있고, 많은 도움이 되며, 무엇보다 자신들을 자유롭게 한다는 걸 알게 되었다.

1 환경

- 집에 있는 장난감, 옷, 책의 숫자를 줄인다.
- 성가시거나 고장 났거나 아이가 흥미를 잃은 장난감을 치운다.
- 장난감은 범주별로 20~25개를 보관하되 10~15개 정도는 상자에 넣어 둔다.
- 한 번에 두세 개 정도 물건을 꺼내 돌려쓰고 같은 숫자만큼 넣어 둔다.

2 리듬

- 변동이 심하고 불규칙한 날의 수를 줄여 나가고, 예측하지 못한 사건이 얼마나 많이 일어나는지 알아 둔다. 아주 바쁘고 정신없는 하루가 될 것으로 예상되면, 전날 저녁에 아이에게 알려 줘서 덜 불안해하고 놀라도록 한다. 만약 뜻밖의 일이 일어나면, 다음부터는 좀 더 예상할 수 있고 차분한 날이 될 수 있도록 특히 더 신경을 쓴다.
- 가정생활에 규칙적인 리듬을 만들기 시작한다. 예를 들어 저녁 식사 전에 농부에게 감사의 기도를 하거나 어린아이를 위해 편안한 야간 목욕 의식을 가질 수 있다.

리듬 있는 생활은 아이의 회복탄력성을 길러 준다. 또한 그렇게 할 때 아이들은 당신과 당신이 꾸민 집을 세상으로 나가고 다시 돌아올 수 있는 안전한 항구라고 느낀다.

3 일정

- 놀이 약속, 방과 후 활동, 운동의 숫자를 줄인다.
- 바쁜 하루를 보낸 후에 아이가 긴장을 풀 수 있는 시간을 준다.
- 아이에게 따분하게 보낼 수 있는 시간을 준다. 그것이 창의적인 놀이와 활동을 계발할 수 있는 공간을 마련해 준다. 일단 아이가 창의적인 놀이를 하면 몇 시간 혹은 며칠 동안 지속될 수 있다.

4 필터링

- 자녀가 영상에 노출되는 시간을 줄인다. 이는 부적절한 성인 정보가 영상을 통해 아이의 삶에 너무 많이 유입되기에 중요하다.
- 아이가 있을 때는 어른들끼리 나누는 대화의 횟수를 줄인다. 세상에서 일어나는 무서운 사건, 개인적으로 겪은 고통스러운 이야기, 아이의 선생님같이 권위 있는 인물이나 당신의 신경을 긁는 행동을 하는 정치인, 무엇보다 함께 육아하는 배우자를 향한 공공연한 비판을 아이 앞에서 하지 않는다.
- 어떤 사람이나 일에 관해 이야기할 때는 깊이 숙고하고, 아이 친화적으로 말하려 애쓴다.
- 아이 앞에서 어떤 말을 하기 전에 먼저 스스로에게 다음과 같이 물어본다.

① 그게 사실인가?

② 다정하고 친절한가?

③ 꼭 필요한가?

④ 내 아이가 안정감을 느끼는 데 도움이 되는가?

이 질문 중 어느 하나라도 그렇지 않다고 판단되면 아무 말도 하지 않는다. 나중에 그에 관해 듣고 싶어 하는 어른이 있을 때 그와 함께 당신의 속마음을 의논한다. 왜냐하면 당신의 아이는 그런 말을 듣고 싶어 하지 않고 들어서도 안 되기 때문이다.

아이들에게 반드시 필요한 4가지 연결

최근에 나는 어린이를 대상으로 하는 전문 마케터들을 위한 온라인 웹 세미나에 참석한 적이 있다. 그들의 영업 전략을 알아야 할 필요가 있다고 느껴서 첩보 활동을 하듯 참석했는데, 그들이 부모를 '구매 저항(purchasing friction)'이라고 부르는 걸 듣고 깜짝 놀랐다. 그들은 어머니나 아버지에 대해 이야기할 때 반복적으로 이 용어를 사용했다. 〈새로운 미디어와 구매 저항 줄이기〉라는 제목이 붙은 전략 워크숍이었는데, 요지는 영상을 이용해 가정생활을 의식적으로 무너뜨려서 제품을 더 많이 판매하려는 것이었다.

나는 영상 매체에 특별히 반대하지 않는다. 하지만 아이들이 인격을 형성하고, 좀 더 균형 잡히고, 서로 배려하며, 강하고 회복탄력성을 갖춘 사람이 되게 도와주려면 삶의 특정 요소들과의 연결이 중요하다는 점을 강력하게 지지한다. 수년간 아이들이 자라는 걸 지켜보면서 나는 특별히 소중하다고 여겨지는 4가지 연결을 발견했다.

● 자연과의 연결

아이가 자연에서 시간을 보내면 시대를 초월한 창조적인 놀이에 참여하게 된다. 체계화되지 않은 자유로운 시간과 공간을 가지면 아이는 무언가를 만들기 시작하고, 자기가 좋아하는 일을 연습하거나 나뭇가지에 걸터앉아 그저 그 순간 '존재'한다. 자연 세상에서 시간이라는 선물을 받은 아이는 미래에 반드시 필요한 삶의 기술을 위한 토대를 만들 수 있다.

● 친구와의 연결

아이에게는 진짜 친구를 사귀고 관계를 발전시킬 시간이 필요하다. 온라인에서 많은 시간을 보내고 소셜 미디어에서 '친구 추가'를 하면서 낯선 사람을 따라다니다 보면, 상대적으로 사회적·정서적 지능을 발달시키는 실제 사람들과의 상호 소통 기회를 잃어버리게 된다. 친구를 사귀는 일은 재미있으면서 어렵기도 하다. 건강한 친구 관계를 유지하려면 노력이 필요하다. 온라인에서의 '친구 추가'는 인위적이며 피상적이다. 만약 누군가 당신의 아이를 불쾌하게 만든다면, 아이는 단 한 번의 마우스 클릭으로 '친구 끊기'를 할 수 있다. 귀찮은 것도 없고 노력을 들일 필요도 없이 편하다. 하지만 사회성 발달 역시 기대할 수 없다. 영상 매체와 소셜 미디어를 과도하게 사용하면 인간관계를 맺는 자격에 대해 그릇된 감각이 생길 수 있다. 자신의 아이가 그렇게 되기를 바라는 부모는 없다.

● 가족과의 연결

아이가 반드시 부모, 형제자매와 어울릴 수 있는 시간을 갖게 한다. 매일의 일과와 대화는 가족에게 정체성을 부여한다. 우리는 함께 시간을 보내면서 '관계의 포인트'를 저축한다. 그러면 관계가 불편해질 때 저축해 둔 포인트를 인출해 상황이 더 나빠지는 걸 막을 수 있다. 또한 고장 난 가정생활을 보여 주는 영상, 가정의 어른을 정서적으로 미성숙하고 무지하고 일관성 없는 모습으로 묘사하는 곳곳에 널린 미디어 이미지를 피한다면 부모와 아이 모두 큰 혜택을 보게 된다. 무엇이든 보는 대로 흡수하는 아이가 유해한 내용을 받아들이지 않게 막을 수 있기 때문이다.

● 자기와의 연결

부모라면 누구나 아이가 굳건한 도덕적 가치를 갖고 자라기를 바란다. 그리고 아이들은 모두 스스로에게 진실하길 원한다. 이런 성향은 아이가 10대가 될 때 더욱 두드러진다. 그런데 마케터들은 영상이라는 강력한 도구를 이용해 이와는 반대 방향으로 아이들을 이끌 수 있다. 그들은 영상을 이용해 특정 제품을 사라고 아이들을 설득한다. 아이들은 스스로 멋지다고 느끼기 위해, 인기를 얻기 위해, 또는 다른 그룹에 끼기 위해 특정 제품을 사라고 말하는 영상에 현혹될 수 있다. 우리는 자녀에게 무엇이 도덕적 원칙에 의한 결정이며, 무엇이 유행에 민감한 대중문화의 빛나는 매력에 끌린 결정인지 비교할 수 있는 감각을 키워 줌으로써 윤리적 안목을 길러 줄 수 있다. 이는 부모로서 우리가 자녀에게 줄 수 있는 가장 소중한 선물 중 하나이다.

아이의 마음을 충전시키는 내면의 베이스캠프 만들어 주기

우리의 잠재력을 발휘하는 데 필요한 기초를 형성하는 삶의 필수 영역들을 살아내기 위해서는 특별한 무언가가 요구된다. 바로 시간이다. 우리가 아이일 때 잔디밭에 누워 흘러가는 구름을 바라보던 순간, 친구나 가족과 함께 웃음 가득한 놀이를 하며 마치 그 시간이 영원할 것처럼 느꼈던 마법 같은 시간을 떠올려 보라. 이를 오늘날의 현실과 대조해 보자. 2015년 육아 기술 교육을 다루는 비영리 그룹 커먼 센스 미디어(Common Sense Media)에서 발표한 연구에 의하면 8살에서 12살까지 아이들이 하루 평균 영상에 노출되는 시간이 대략 6시간, 10대 후반 청소년은 거의 9시간이다. 간단하게 계산해도 영상이 매일 아이의 삶에 미치는 영향이 심각하다는 사실이 확연히 드러난다. 가상 세계에 접속할 때마다 아이는 자연, 친구, 가족, 자기 자신을 만날 수 있는 진짜 세상과 단절된다. 매일 진짜 세상과 연결될 시간과 공간이 주어질 때, 아이는 자기 삶의 골조가 될 구성요소를 배열한다. 영상은 시간 도둑이다. 아이가 삶을 건설할 시간을 갉아먹는 것은 무엇이 되었건 의심하고 경계해야 한다.

지금까지 살펴본 4가지 연결은 견고한 베이스캠프를 구축한다. 이 캠프에서 아이는 세상으로 나가고, 다시 돌아와 마음을 가다듬고 재충전한 다음 또다시 세상으로 나간다. 그리고 이전보다 좀 더 먼 곳까지 탐험할 것이다. 이렇게 출발하고 돌아오는 패턴이 수년에 걸쳐 반복된다. 아장아장 걷는 아기였을 때는 계단을 탐험하다가 어느새 한달음에 달려와 자기가 한 일을 보여 주는 아이가 되고, 곧이어 자전거를 타고 동네를 탐험한다. 저녁 식사 자리에서 그날 만난 사람 이야기를 재잘거릴 테고, 10대가 되면 첫사랑과 실연의 경험을 친한 친구에게 털어놓을 것이다. 그렇게 아이들이 어른이 되어 가는 모습을 지켜보면서 우리는 언제까지고 아이 곁에 있을 수 없다는 사실을 깨닫는다. 하지만 자연 세계, 친구, 가족, 자기와 연결되는 중요한 사건을 가로막는 장애물을 과감하게 치움으로써 우리는 아이가 자기 내면의 베이스캠프—어디에 가든 함께하고 아무도 빼앗지 못하는 토대—를 발전시키는 데 필요한 것들을 주었다는 사실에 안도할 수 있다.

특권의식이 아이의 독립성을 가로막는다

몇 년 전 강연을 개최할 때 행사 기획자가 〈특권의식에 중독된 아이와 그런 아이를 키우는 부모〉라는 도발적인 제목을 단 것을 보고 놀랐던 적이 있다. 나는 부모들이 모욕감을 느껴서 아무도 오지 않으면 어쩌나 걱정되었다. 그런데 오히려 행사장은 좌절감을 느끼고 걱정이 한가득한 부모들로 가득했다. 사실 우리 모두 자녀가 잘못된 특권의식이 아닌 감사하는 마음을 지닌 아이로 자라나기를 바란다. 나는 거기 모인 부모들에게 다음과 같은 이야기를 해 주었다.

칼라와 그녀의 두 아들은 학교를 마친 후 집으로 돌아오는 길이었다. 아이들은 차 안에서 어느 집 마당에서 물건을 팔고 있는 걸 보았다. 한 번도 본 적 없는 자전거를 발견한 큰아들 샘이 소리쳤다. 한번 보고 가자며 엄마를 채근했다. '휴, 또 자전거 사달라고 조르면 골치 아픈데.' 칼라는 이렇게 생각했다. 11살 샘은 몇 달 동안 엄마에게 산악자전거를 사달라고 조르고 있던 참이었다. 샘은 '친구들은 다 산악자전거가 있는데, 왜 나만 없어?'라고 생각했다. 칼라는 입술을 깨물었다. 혼자 아이를 키우면서 그녀는 항상 예산이 빠듯했다. 산악을 달리건 아니건 간에 수백 달러씩 하는 자전거를 턱 하고 사 줄 형편이 못 됐다.

아이들은 자동차에서 뛰어내려 우연히 발견한 보물을 향해 달려갔다. "엄마, 안장이 얼마나 긴지 보세요!" 샘이 소리쳤다. "이 큰 손잡이로 기어를 바꾸는 거예요. 손잡이가 할리 데이비드슨 오토바이 같아요!" "와, 두 대나 있어!" 작은 아들인 8살 브랜든도 옆에서 거들었다. 샘이 찾은 건 1970년식 드래그스터 자전거였는데, 지금 봐도 멋진 자전거였다. 약간 녹이 슨 상태로 때 묻은 톱니바퀴, 케이블, 크롬 재질의 바가 뒤죽박죽 얽혀 있었고, 체인은 옆에 있는 상자 안에 놓여 있었다. 하지만 샘과 브랜든은 그런 것에 굴하지 않았다. "완전히 고칠 수 있어요, 엄마." 샘이 자못 심각하고 설득력 있는 어른 말투로 말했다. 형제가 보이는 열정에 감동한 주인이 값을 깎아 자전거 하나는 5달러에 나머지 하나는 무료로 주었다.

아이들이 자전거를 자동차 트렁크에 집어넣느라 애쓰는 동안 칼라는 속으로 '이제 고물이 하나도 아니고 두 개가 됐네'라고 생각했다. 집으로 돌아오는 길에 그녀는 아이들에게 결연하게 말했다. "이건 너희들이 시작한 프로젝트니까 처음부터 끝까지 너희가 다 알아서 하는 거야. 알았지?" 샘이 고개를 끄덕였다. 브랜든도 무슨 말인지 이해했다는 눈치였다. 집에 도착하자마자 아이들은 차고로 뛰어가 물건을 뒤졌다. 커다란 천을 펼쳐 놓고 "아빠처럼 하는 거야" 하며 자전거를 분해하고 부품을 깨끗이 닦았다. 그 후 몇 주 동안 자전거 복원 프로젝트를 향한 아이들의 열정과 관심은 식을 줄 몰랐다. 칼라가 차고에 들러 진행 상황을 확인할 때면 이웃집 아이들이 몰려와 있는 모습이 곧잘 눈에 띄었다. 왁자지껄한 분위기 속에 논쟁하는 아이들 틈으로 자주 웃음소리가 터져 나왔다.

6주 후 프로젝트는 놀라울 정도의 진전을 이루었다. 칼라는 아이들이 그 모든 것을 어떻게 해냈는지 의아했지만 그들의 기발한 재주에 의문을 제기하지 않기로 마음먹었다. 사실 샘은 마을에 있는 자전거 가게 주인과 친구가 되었는데, 중년의 가게 주인은 고전적인 드래그스터 자전거를 고치는 데 관심이 많은 꼬마를 만난 게 무척이나 기뻤다. 가게에서 일하는 20대 청년들도 샘이 멋지다고 생각했고 '샘의 양동이'라고 이름 붙인 통에 필요하다고 생각되는 부품들을 넣어 주었다. 심지어 부품 중 일부를 샘의 드래그스터에 맞게 개조하고 자전거를 잘 조립할 수 있도록 도면까지 그려 주었다. 당연히 칼라는 그런 사실을 전혀 알지 못했다.

또한 샘과 브랜든은 엄마 몰래 몇 블록 떨어진 곳에 있는 자동차 정비소에 놀러 다니기 시작했다. 아이들은 '엄청난 수염에 멋진 문신을 한' 남자들에게 홀딱 반했다. 이 정비소 남자들이 두 형제의 자전거 복원을 도와주었다. 대신 자전거를 다 고치면 자신들이 먼저 자전거를 타 보는 걸 조건으로 걸었고 형제는 기꺼이 동의했다. 수염 정비공 팀은 자전거 등받이와 핸들에 다시 크롬 칠을 하고, 바나나 모양 안장의 천을 갈아준 것은 물론 프레임도 짙은 암청색으로 다시 칠했다. 그리고 변속 레버에 검은색 8번 당구공을 부착했다. 나중에 칼라는 아이들이 한 일을 알고서 깜짝 놀랐다. "샘이 마을을 온통 쏘다녔다는 사실에 놀랐어요. 왜 엄마한테 허락을 구하지 않았느냐고 묻자, 내가 이 프로젝트는 완전히 자기가 책임지는 거라고 말했다는 걸 상기시켰죠. 그 말을 글자 그대로 받아들인 거예요."

그렇게 자전거는 복원이 끝났고 학교 아이들에게 인기가 폭발했다. 게다가 샘은 이제 자전거 케이블 조정, 베어링, 바큇살 교체, 체인 강도에 대해 권위를 가지고 이야기할 수 있게 되었다. 곧 다른 아이들로부터 자전거 복원 요청이 쇄도했다. "단 하나 문제라면 매일 밤 샘의 자전거 타이어를 닦아야 했다는 거예요. 샘이 자기 자전거를 침대 옆에다 두고 잠을 자고 싶어 했기 때문이죠." 칼라가 활짝 웃으며 말했다. 이 경험으로 샘과 그의 가족이 얻은 이로움은 엄청났다.

- **투지** : 전에 접해 본 적이 없는 여러 가지 문제를 해결했다.

- **과정** : 시작부터 끝까지 전 과정을 경험했다.
- **가족의 연결** : 함께 프로젝트에 참여했던 동생, 그를 지지했던 엄마와 연결되었다.
- **창의적 사고** : 필요한 자원을 얻기 위해 더 넓은 지역 사회로 손을 뻗었다.
- **충동 조절** : 자신이 원하는 것을 당장 가질 수는 없다는 걸 배웠다.
- **자발성** : 누구도 프로젝트를 끝내라고 압박하지 않았고, 샘은 수 주 동안 스스로 작업을 해냈다.
- **존경** : 학교 친구들로부터 존경과 칭찬을 받았다.
- **가치** : 물질의 가치에 대해 배웠다.
- **감사** : 미래에 자신이 받게 될 것에 대해 감사할 가능성이 훨씬 더 커졌다.
- **목적** : 근면함과 목적이라는 소중한 선물을 받았다.

만약 칼라가 샘이 조르는 대로 산악자전거를 사 주었다면 이런 일은 일어나지 않았을 것이다. 우리 아이들은 자신이 원하는 무언가를 얻기 위해 노력할 기회를 얻어야 한다. 자신이 직접 원하는 물건을 만드는 데 관여하는 방식이든, 그것을 얻기 위한 돈을 마련하는 방식이든 말이다. 부모가 이런 방식으로 자녀와 함께하면 불평하거나, 투정 부리거나, 무엇이든지 다 누릴 자격이 있다고 생각하는 아이의 특권의식을 줄일 수 있다. 아이들은 이런 경험을 통해 감정의 근육을 만들고 강화한다. 그 힘이 아이가 삶을 살아가는 내내 독립성을 키우고 감사하는 마음을 갖도록 도와준다.

우리가 오래도록 아주 많이 사랑하고 또 사랑받길 원하는 대상인 아이들에게 투명 인간 취급을 받는다면 감정적으로 견디기가 힘들 것이다. 이는 가장 연약한 감정이 자리 잡고 있는 우리 마음에 영향을 줄 수 있다. 내가 남아프리카를 방문했을 때 자주 들었던 줄루(Zulu) 족의 인사말 중에 "사우보나(Sawubona)"라는 표현이 있다. 거칠게 번역하면 '나는 당신을 본다'라는 뜻이다. 이렇게 인사하면 상대방은 '나는 여기 있다'라는 의미의 "니코나(Ngikhona)"라고 답한다. 이 말을 새겨보면, 부모가 자녀에게 인정받지 못한다고 느끼는 이유를 이해하고 이를 위해 실질적으로 무엇을 할 수 있는지 탐구하는 일이 아주 중요한 문제로 다가온다. 이것은 우리가 무엇보다 가치 있게 여겨야 할 일이자, 온전히 아이들과 함께하는 것에 관한 고민이다. 온전히 아이와 함께할 수 있으면, 우리는 아이가 성장하며 외부로부터 받게 될 수많은 부정적 영향을 사전에 걸러 내고 회복탄력성과 강인함을 길러 주는 문지기 역할을 충실히 수행할 수 있다.

아이의 미래에 대한 너무 많은 걱정들

우리는 모두 '영향력의 원'을 가지고 있다. 이 원을 보다 큰 '걱정의 원'이 감싸고 있다. 효과적으로 육아를 하려면, 걱정거리를 인식하되 우리가 영향을 미칠 수 있는 범위 내에서 할 수 있는 일을 해야 한다. 예를 들어 어머니나 아버지로서 우리가 아이의 미래를 걱정하는 건 지극히 자연스러운 일이다. 이는 육아라는 이름의 업무 지시서에 기록되어 있는 항목이다. 하지만 자녀에 대한 희망이 선을 넘을 때, 우리는 불안해하고 심할 경우 무력감을 느낄 수 있다. 여기에 균형 잡히고 건강한 방식으로 이 문제를 다룰 수 있는 몇 가지 방법이 있다. 아마 대부분이 미국의 신학자 라인홀드 니부어(Reinhold Niebuhr)가 써서 1940년대 인기를 얻은 〈평온을 비는 기도(Serenity Prayer)〉 축약본을 들어 봤을 것이다.

신이여, 저에게 바꿀 수 없는 것을 받아들이는 평온과
바꿀 수 있는 것을 바꾸는 용기와
둘의 차이를 알 수 있는 지혜를 주소서.

나는 1990년대 스티븐 코비(Stephen Covey)가 쓴《성공하는 사람들의 7가지 습관》을 읽으면서 이 기도문에 주목하게 되었다. 책에서 코비는 걱정의 원과 영향력의 원에 대해 이야기한다. 먼저 걱정의 원은 월세, 주택담보대출금, 건강 유지, 직장 문제, 정치적 분위기, 전쟁의 위협과 같이 우리가 가지고 있는 다양한 범주의 불안을 포괄한다. 영향력의 원은 우리가 무언가 조치를 취할 수 있는 걱정들을 에워싸고 있다. 이 원 안에 있는 걱정은 우리 힘으로 통제할 수 있다. 가끔은 그럴 수 없어 보이기도 하지만, 잠자리나 식사 시간 같이 매일 일어나는 일상의 사소한 일들에 우리는 얼마든지 영향력을 행사할 수 있다. 또한 건강 관리나 대학을 선택하는 일처럼 삶의 좀 더 큰 결정에도 영향을 미칠 수 있다. 영향력이 반드시 완전한 통제를 의미하는 건 아니라는 점에 주목하자. 완전히 통제하려고 들면 가정에서 더 많은 문제가 발생하고 자녀들이 부모를 독재자로 보게 될 수 있다.

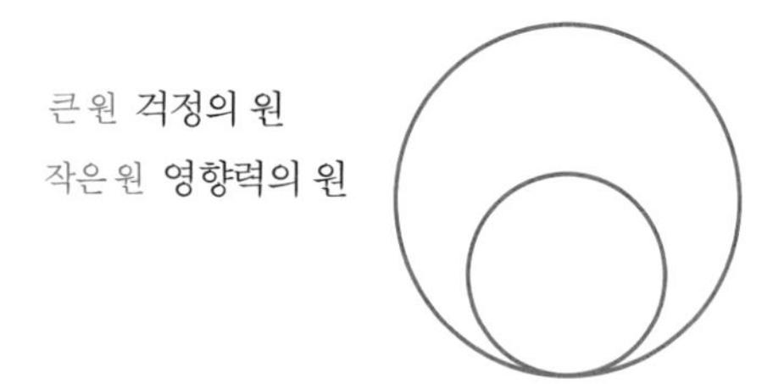

코비는 한발 더 나아가, 이 두 개의 원을 주도적인 사람과 반응적인 사람에 연결시킨다. 그는 주도적인 행동을 "우리 삶을 책임지는… 우리 행동은 우리가 처한 조건이 아닌 우리가 내린 결정의 기능"이라고 정의한다. 반응적인 사람은 자기가 통제하고 영향력을 미칠 수 있는 문제들을 무시하는 경향이 있다. 이들은 걱정에 대응하기보다 걱정 자체에만 초점을 맞추고, 그 결과 영향력의 원이 쪼그라들고 만다. 어떤 사람이 사용하는 언어를 자세히 들어 보면, 그 사람이 내면에서 어떤 원을 작동시키고 있는지 알 수 있다. 걱정의 원 안에는 '가진 것'과 '가졌던 것'들이 가득하다. 반면 영향력의 원은 '존재하기'로 가득하다. 다음의 예를 살펴보자.

걱정의 원을 지향하는 경우 :

가진 것들 / 가졌던 것들 (반응적)

나에게 ~하지 않는 남편/아내가 있다면…

내 아이를 더 좋은 학교에 진학시킬 수 있다면…

시어머니로부터 존중을 받았더라면…

나 자신을 위한 시간을 좀 더 가질 수 있다면…

영향력의 원을 지향하는 경우 :

존재하기 (주도적)

아들이 소리를 지를 때 나는 감정을 좀 더 잘 조절할 수 있다.

나는 아이들에게 좀 더 나은 역할 모델이 될 수 있다.

아내가 혼자만의 시간을 필요로 할 때 좀 더 이해할 수 있다.

아이에게 좀 더 집중하고 스마트폰 보는 시간을 줄일 수 있다.

혼란스러운 문제를 내가 더 잘 이해할 수 있도록 도와줄 사람을 찾을 수 있다.

앞에서 우리는 〈평온을 비는 기도〉 중 가장 널리 알려진 부분을 살펴보았다.

신이여, 저에게 바꿀 수 없는 것을 받아들이는 평온과
바꿀 수 있는 것을 바꾸는 용기와
둘의 차이를 알 수 있는 지혜를 주소서.

사실 이 기도문에는 잘 알려지지는 않은 부분이 있다. 나는 이다음 부분을 읽으면서 적잖이 놀랐는데, 그 내용이 영향력의 원에서 주도적으로 일하는 것과 연관이 있었기 때문이다.

한 번에 하루를 살아가고
한 번에 한 순간을 즐기며
고난을 평화로 이어지는 길로 받아들이게 하소서.

노하우 09

지금 여기에 현존하기

이 패러다임이 부모인 우리에게 의미하는 바는 우리가 주도적으로 행동할 수 있고, 영향력의 원 안에 있는 문제에 초점을 맞출 수 있다는 것이다. 처음에 영향력의 원은 작을 수 있지만 장차 더 커질 수 있고 그렇게 될 것이다. 시간이 지나면서 우리가 좀 더 '현존하기'에 집중하면 가족 관계에서 발생하는 여러 가지 국면이 자연스럽고 아름답게 우리 영향력 안으로 들어올 것이다.

간단히 연습하는 의미에서 종이와 펜을 꺼내 자기만의 '현존하기' 목록을 적어 보라. 어머니 또는 아버지로서 당신에게 중요한 것을 생각해 본다. 각 문장은 "나는 ~가 될 수 있다"로 시작한다. 다 쓰고 나면 적은 내용을 살펴보고 가장 잘할 수 있는 항목, 오늘 당장 할 수 있는 일과 분명히 효과가 있으리라 확신하는 일을 고른다. 이 대목이 중요하다. 만약 당신이 너무 크고 내심 통제하기 힘든 일을 고르면, 금세 노력이 무산되고 스스로 통제할 수 있는 일이 적어진다는 느낌을 받을 수 있다. 그렇게 고른 한 가지 아이디어를 1주일 또는 그 이상 실천하고 노력한다. 행동이 새롭게 확장된 영향력의 원 안에서 편안해질 때까지 반복한다.

예를 들어 목록을 훑어보고 "아이가 화를 낼 때 좀 더 이해하고 이야기를 잘 들어줄 수 있다"를 골랐다고 하자. 이것을 고른 이유는 아마도 당신의 아이가 뭔가 변화를 겪는 중이기 때문일 것이다. 혹은 당신이 자신을 비꼬는 표현에 불같이 화를 내는 성향을 가지고 있어서 아이와의 관계에 긴장이 고조되고 상황이 점점 더 꼬이는 중일 수도 있다. 이때 당신이 영향력의 원을 조작해 아이가 지금 겪는 변화를 겪지 않게 하고, 종종 그러듯 아이들이 빠져나갈 수 있게 경계를 변경할 수 있을까? 그럴 수는 없다. 하지만 아이에게 말할 때 습관이 되어 버린 방식, 사소하지만 상처 주는 말투를 최대한 자제하려 하는 노력이 당신 영향력의 원 안에 들어온다. 그런 말투를 자제할수록 아이와 당신은 더욱 가까워질 것이다. 만약 아이가 너무 멀리 나가 무례하고 반항적이 된다면, 당신은 영향력을 증가시키면서 미세하게 관계를 심화시킬 것이다. 그 결과 당신이 아이를 위해 설정한 경계가 훨씬 더 효과적이고 받아들여지기 쉬운 상태가 될 것이다.

아이의 미래를 위해 지금 당장 무엇을 할 수 있을까

아이가 자라서 집을 떠나는 상황, 예를 들어 대학교에 진학하거나 모험할 곳으로 여행을 떠나는 상황을 생각해 보자. 그때 우리는 아이가 모험과 도전을 잘 헤쳐 나가도록 힘과 회복력을 길러 주고 싶을 것이다. 부모라면 누구나 아이가 성공하고 행복해지길 바라지만, 사실 우리 대부분은 그저 아이가 괜찮기만 하면 그 정도 선에서 만족한다.

장성한 자녀가 나쁜 습관에 빠져 부정적인 영향을 받는 모습을 머릿속에서 떨쳐 내기란 무척 힘들다. 특히 상황이 아이에게 좋지 않게 흘러갈 때 그런 상상이 우리 걱정 속으로 슬금슬금 스며든다. 어떻게 하면 차분하게 아이를 향한 희망을 키울 수 있을까? 오늘 우리가 어떤 일을 해야 미래에 아이가 자기 몫을 충분히 하는 어른으로 자립할 수 있도록 돕는 것일까? 30년 동안 수많은 가족을 지원하면서 나는 선명하고 희망적인 패턴 하나를 발견했다. 다음의 비유를 통해 그 패턴을 살펴보자.

● 진북과 자북, 두 가지 도덕적 나침반

'누구나 다 하는 것'이 내 아이에게 옳은지 아닌지 부모가 객관적으로 의문을 제기하려 할 때 '진북(true north, 언제나 변하지 않는 북쪽)'을 가리키는 도덕의 나침반이 설치된다. 삶을 바꾸는 커다란 결정을 내려야 할 때는 물론이고 일상에서 매일 작고 사소한 선택을 할 때 더 자주 이 나침반이 작동한다. 어떤 일을 허용할지 말지 또는 진북에 채널을 맞출지는 '잠시 멈춤'과 '직감을 따르는' 일과 관련이 있다. 이는 본능은 물론 지성과도 연결된 문제이다. 모든 중대한 결정과 그다지 중요하지 않은 결정을 가족의 가치라는 도덕적 필터로 걸러 보는 작업이다.

반면 '자북(magnetic north, 나침반의 N극이 가리키는 북쪽)'은 어떤 고정된 도덕 값을 알려 주지 않는다. 자북은 사방팔방으로 움직이며 당시 성행하는 대중문화나 현재의 유행에 영향을 받는다. 12살짜리 아들을 둔 한 어머니가 이런 말을 했다. "신뢰할 만한 연구 조사에 기반한 흥미로운 기사 몇 개를 읽었어요. 영상이 아이의 뇌 발달과 집중력에 결코 좋지 않다는 내용이었죠. 제 아들은 학교에서 영 집중을 못 해요. 그래서 아이의 스마트폰과 컴퓨터 사용을 엄격하게 제한할까 생각해 봤어요. 그런데 실제로 그렇게 하려고 보니까, 아이 반 학부모 중에서 그렇게 하는 사람은 저밖에 없을 거라는 생각이 들었어요. 그 순간 결심했던 일이 머릿속에서 지워져 버리더라고요. 뭐가 잘못된 걸까요?"

잘못된 점은 없다. 모든 부모가 이 딜레마를 알고 있고 실제로 다루기 힘든 일이다. 당신이 어떤 결심을 실행에 옮기려 하면 아이가 당신을 바라보며 "하지만 엄마, 모두 그렇게 한다니까요"라며 강력하게 애원할 것이기 때문이다. 그래서 져주고 허락하면 아이는 행복해하고 잠시나마 아낌없이 우리에게 고마움을 표현한다. 부모로서 자녀의 그런 모습을 보는 게 너무 좋아서 우리는 자북을 따라가며 그 길이 옳은 길이 아니라는 느낌을 애써 억누른다.

● 어느 쪽을 따를 것인가

매일 우리가 여러 가지 결정을 내릴 때 들려오는 두 가지 목소리를 살펴보자.

진북	자북
"그 티셔츠는 8살 아이가 입기에 너무 야해요!"	"뭐, 귀엽네. 소피아도 비슷한 걸 가지고 있잖아."
"매일 밤 11시까지 잠도 못 자고 숙제 때문에 스트레스받는 건 바람직하지 않아."	"내가 중학생 때는 이런 압박을 받아 본 적이 없지만, 지금은 상황이 달라. 적어도 얘는 숙제를 하고 싶어 하고 열심히 하잖아."
"할머니가 아이패드를 선물해 줘도 애가 커서 충분히 다룰 수 있을 때까지 따로 보관해 두겠어."	"할머니한테 아이패드를 사 주지 말라고 말은 했지만, 괜히 평지풍파를 일으켜 가족 간에 의만 상하는 게 아닐까?"
"이번 학기에는 운동을 하나 더 할 필요가 없겠어. 얘는 이미 지쳐 있거든."	"이런 걸 가지고 싸울 여력이 있어? 어쨌든 지금도 얘는 바쁘게 지내고 있잖아."
"어린아이에게 벌써 스마트폰을 줄 수는 없어."	"아이가 소셜 미디어를 하지 못하면 따돌림당하지 않을까?"

우리가 이런 윤리적 방황에 휘말리지 않고 진북을 향해 갈 수 있다고 가정해 보자. 다른 아이들이 가지고 있고 할 수 있는 것을 비판하지 않으면서 내 아이에게 간단하고 명료하게 우리 가족이 추구하는 가치를 전달하려 할 때, 무엇을 어떻게 말할 수 있을까? 우선 아이에게 우리가 현실을 모르고 경직되어 있으며 독선적이라는 인상을 주지 않도록 조심해야 한다. 이런 태도는 아이를 좌절시킬 수 있기 때문이다. 더불어 아이 친구와 그들의 부모를 깎아내리지 않도록 신경 써야 한다. 그렇게 하면 아이는 자극을 받아 자기 친구를 변호하려는 마음에 우리와 언쟁하려 들 것이다. "잭슨 엄마는 친절하고 멋지고 정말 재미있어요. 절대 지루하지 않아. 잭슨네는 우리 집보다 훨씬 더 재미있다고요!"라고 뾰족하게 소리칠 수 있다.

노하우 10

비판 없이 가족의 가치 말하기

여기서 바늘에 실을 꿰는 방법은 "잭슨이 ~를 할 수 있다는 건 나도 알아. 하지만 우리 집에서는…"이라고 말함으로써 비판하지 않고 우리 가족의 가치를 이야기하는 것이다. 이렇게 표현함으로써 얻을 수 있는 전반적인 효과는 가족의 존재 방식을 명확히 밝히면서 차분하고 긍정적인 태도를 유지할 수 있다는 점이다. 또한 이런 식의 대응에는 도덕적 훈계가 그다지 짙게 묻어나지 않는다. 그저 매일을 살아가는 우리의 윤리적 토대에 근거할 뿐이다. 아이가 짜증스러워할 수 있지만, 그건 아이가 세상으로 나아갈 때 안전한 기반이 되어 주는 가족의 힘을 느끼기 위해 치러야 할 작은 대가일 뿐이다.

단단한 나무는 천천히 자란다

나와 우리 가족은 뉴잉글랜드의 산속에 있는 농장에 살고 있다. 눈이 많이 내리는 기나긴 아름다운 겨울이 오면 우리는 크고 오래된 농가 주택을 따뜻하게 덥히기 위해 두 대의 화목 난로에 밤낮없이 불을 땐다. 여름에는 온 가족이 겨울에 대비해 장작을 베고 쪼개서 쌓아 두는 일을 한다. 이런 작업은 삶을 실감 나게 만든다. 또한 숲과 우리가 기르는 나무들과 가까워진다. 통나무를 잘라 단면을 보면 나이테의 층이 동심원을 그리는 걸 볼 수 있다. 나무가 자랄 때의 조건을 말해 주듯 색깔과 형태가 다양하고 제각각이다. 이 나이테는 나무가 좋은 시절과 혹독한 계절을 견뎌 냈음을 조용히 말해 준다. 우리는 종종 일을 멈추고 물푸레나무, 떡갈나무, 단풍나무 장작의 밀도를 관찰하며 경이로움을 느낀다. 이 나무들은 오래되고 단단하며 무겁다. 이와 대조적으로 빨리 자라고 가벼우면서 잘 쪼개지는 소나무와 역시나 잘 부서지는 재질의 무른 침엽수들은 불을 때면 상대적으로 열기가 적고 따뜻함이 덜하다.

가수 겸 작곡가이자 시인인 나의 친구, 빛을 일구는 농부 쥬얼과 숲에서의 시간에 대해 자연스럽게 대화를 나눈 적이 있다. 쥬얼과 나는 로키산맥에서 열리는 축제 때 개최할 워크숍을 계획하면서 아동 발달에 관해 이야기하게 되었다. 아이들을 강하고 회복력 갖춘 사람으로 자라게 하려면 부모인 우리가 아이에게 진정한 유년 시절을 가질 시간과 공간을 주어야 한다는 내용이었다. 나는 쥬얼이 들려준 이야기에서 심오한 진실을 깨달았다. "단단한 나무는 천천히 자라지요." 농장에서 나무와 가까이 살면서 종종 나무의 우아함과 강인함에 경외감을 느끼곤 했던 나는 그 말의 의미를 이미 알고 있었다. 하지만 쥬얼의 말을 듣고 나서야 그 사실을 자녀 양육 방식에 연결시킬 수 있었다. 쥬얼은 그녀의 책《결코 부서지지 않는(Never Broken)》에서 이를 다음과 같이 아름답게 표현했다.

> 지금까지 나는 자연에서 관찰한 것에 나의 내면의 삶을 맞추고 조정해 왔다. 자연이 내게 가르쳐 준 가장 소중한 교훈은 단단한 나무는 천천히 자란다는 것이다. 이는 그저 현란한 미사여구가 아니다. 여기에는 매우 심오한 뜻이 담겨 있다. 나는 부드러운 침엽수들이 봄에 싹을 틔워 빠르게 자랐다가 몇 년이 지난 후에 썩어 버리는 걸 보았다. 그보다 더 단단한 나무들은 나의 친구가 되었다… 느린 성장은 깊이가 있다. 깊이 있는 성장은 의식적 선택을 의미한다. 나는 수년에 걸쳐 만들어진 이 생각의 사다리를 타고 평생 지키며 살고픈 좌우명에 도달했다. 그건 바로 "단단한 나무는 천천히 자란다"이다. 단단하고 오래가길 원한다면, 쉽게 부러지거나 부서지고 싶지 않다면, 이 순간에만 좋은 것이 아니라 장기적인 성장에 이로운 결정을 내려야 할 의무가 있다.

우리가 아이의 미래를 생각할 때, 가족을 좀 더 빨리 앞으로 나아가게 하지 못해 느끼는 좌절감 때문에 탈선하기보다 단단한 나무가 자라는 방식을 기억해야 한다. 아이들의 삶을 풍성함의 기회로만 생각하지 말고 천천히 견고한 나이테를 만들어 가는 떡갈나무처럼 그 시간을 부드럽게 펼쳐지는 일련의 경험으로 볼 수 있어야 한다. 물론 우리는 아이를 더 많이 활동하게 하고, 학업 압박이 더 심한 학교에 보내고, 경쟁이 심한 스포츠팀에 들어가게 함으로써 남보다 우위에 서게 할 수 있다고 생각할 수 있다. 하지만 이런 양육 방식은 감정적으로 무른 나무를 길러 낸다. 대신 우리가 힘을 조금 빼고 천천히 호흡할 수 있다면, 아이들을 좀 더 회복탄력성을 가진 아이로 자라게 할 수 있다. 그뿐만 아니라 우리 내면의 핵심에 단단한 나무를 기르는 데도 도움이 된다. 아이들이 그것을 알아차릴 것이다.

이력서상의 덕목 vs. 추도사적 덕목

뉴욕시의 한 사립학교 앞에서 한 무리의 학부모들이 자녀를 등교시킨 후 이야기를 나누고 있었다. "1학년 때부터 이력서 관리를 시작해야 할 거예요." 한 학부모가 한탄하며 말했다. 그러자 나머지 사람들도 무슨 말인지 안다는 듯 고개를 절레절레 흔들며 미소 지었다. 곧 또 다른 학부모가 냉소적으로 이렇게 말했다. "아니, 그것도 조금 늦은 거 아니에요?" 이번에는 모두가 그 농담의 슬픈 진실을 깨달았다는 듯 폭소했다.

우리는 외적 성취 목록을 만드는 게 가장 중요한 일처럼 여겨지는 사회, 내면의 강함을 계발하기보다 일류 대학에 들어가고 좋은 직업을 갖는 법에 대해 좀 더 골몰하는 사회에 살고 있다. 《뉴욕타임스》 칼럼 기고가 데이비드 브룩스(David Brooks)는 이런 종류의 성취를 '이력서상의 덕목(résumé virtues)'이라고 불렀다. 이력서상의 덕목을 채워야 한다는 압박감은 육아에도 영향을 미칠 수 있고, 실제로 그런 일이 벌어지고 있다. 아이가 경쟁이 심한 스포츠팀에 들어가지 못하거나 성적이 떨어지면 우리는 아이의 성적 기록부가 형편없어 보일 수 있다고 걱정할 테고, 아이에게 무슨 일이 벌어지고 있는지 알아내려고 노력하는 동안 가정에는 긴장감이 고조될 것이다. 그러면 대화에 불안감이 서리고 목소리가 날카로워진다. 특히 10대 아이들이라면 엄마, 아빠가 상관할 일이 아니니 참견하지 말라고 대들 것이다. 그러면 우리는 다시 "너의 장래를 걱정하고 살피는 게 부모인 내가 할 일"이라고 응수할 것이다. 이런 식의 대화가 어떻게 끝을 맺게 될지 우리 모두 잘 알고 있다.

브룩스는 이러한 이력서상의 덕목과는 극명한 대조를 이루는 두 번째 가치 체계를 제시하며 이를 '추도사적 덕목(eulogy virtues)'이라고 불렀다. 약간 음울하고 이상하게 들릴 수 있지만, 이 덕목은 당신의 장례식이나 당신이 세상을 떠난 뒤 오랜 시간이 지난 후에 회자되는 특성이 있다. 가령 당신이 용기 있는 사람이었는지, 자신의 신념을 지지했는지, 주변 사람들이 더 나은 인간이 되도록 도왔는지, 타인에게 정직했는지, 친절하고 배려하는 친구였는지를 추억하는 것이다. 당신은 세상에 기쁨을 전하는 사람이었는가? 진정 가족을 사랑했는가?

추도사적 덕목이라는 개념은 진보적이지만 강압적이거나 압박을 가한다는 느낌이 없다. 우리가 인격 형성과 관련된 이러한 깊이 있는 자질들을 강조하면 불안해하고 잘하지 못하는 아이와의 대화도 부드러워질 수 있다. 그러면 아이가 어떤 일을 겪고 있으며, 우리가 어떻게 아이를 이해할 수 있는지에 집중하게 된다.

부모 노릇은 누구에게든 어려운 과업 중 하나이다. 그 여정에는 함정이 많고, 우리가 되고 싶은 이상적인 모습에 비해 스스로 많이 부족하다고 느끼게 되는 순간도 자주 있다. 그러나 내면 깊은 곳에서 우리는 뭔가 우리 자신보다 더 위대한 일을 하고 있다는 걸 알고 있다. 여배우 도로시 데이(Dorothy Day)는 도전과 혼란이 가득한 힘든 삶을 살았다. 자기파멸적인 순간도 많았다. 하지만 딸이 태어나면서 모든 것이 바뀌었다. 그녀는 이렇게 썼다. "만약 내가 불후의 명작을 쓰고, 가장 위대한 교향곡을 작곡하고, 가장 아름다운 그림이나 조각 작품을 만들었다고 해도, 내 팔로 아이를 안았을 때 느꼈던 기쁨보다 더 큰 감정을 느끼지는 못했을 것이다."

이 장을 시작하면서, 나는 자녀의 미래를 생각하고 염려하는 게 부모의 내면에 내재된 특성이라고 말했다. 여기서 핵심은 아이의 정서 발달을 위해 내면을 볼 것이냐 아니면 아이들이 세상에서 위치할 자리를 향해 외부로 눈을 돌릴 것이냐이다. 항상 내면의 성장에 초점을 맞추기란 쉽지 않겠지만, 그렇게 할 수 있다면 우리 어깨를 짓누르는 짐을 상당 부분 덜어 낼 수 있다. 매일 일어나는 재미있고 소중한 일들을 자유롭게 누릴 수 있다. 좌절감이 밀려올 때, 미래에 대한 알 수 없는 걱정에 계속해서 사로잡히기보다 그 순간 잠시 그것을 있는 그대로 들여다볼 수 있다. 이런 태도는 우리가 아이를 자랑스러워하고 축하하는 방식으로 그들에게 반응할 수 있는 공간과 가능성을 열어 준다.

열쇠

어떻게 우리는 최고의 부모가 될 수 있을까?

'연민 어린 대응' 연습

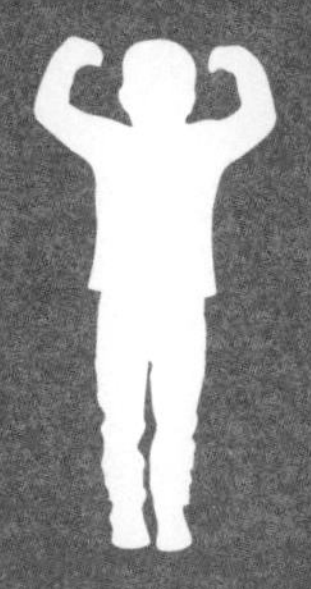

2부에서는 부모, 교사, 돌봄 전문가 등 양육의 최전선에 있는 이들을 위해 충동적인 감정 반응에서 벗어나 '연민 어린 대응'으로 아이를 기르는 구체적인 방법을 연습한다. 이 연습을 통해 아이의 마음과 행동 양식을 깊이 이해할 수 있게 될 것이다. 또한 아이와의 관계를 긍정적으로 개선하는 방법에 대해서도 알아본다. 다음의 항목을 탐구함으로써 목표를 이룰 것이다.

- '부모-운동선수'를 시각화해 보는 힘
- 부모가 최상의 모습일 때와 감정적 열병을 앓고 있을 때의 모습
- 어떻게 하면 감정적 열병을 통합할 수 있는지, 어떻게 하면 즐겁고 다정하고 재미있고 균형 잡힌 부모와 양육자가 될 수 있는지 알려 주는 간단한 안내 명상
- 연민 어린 대응 연습을 이용해 아이의 내적 경험을 들여다보고, 부모와 양육자가 대응을 변화시키는 법
- 학교와 임상 환경에서 연민 어린 대응 연습을 이용하는 사례와 교육자와 돌봄 전문가를 위한 실용적 조언

자기 내면의 모습 시각화하기

10대 시절 나는 소위 엘리트 운동선수였다. 엘리트 운동선수의 삶은 여러 가지 면에서 강렬한 경험이 많아 그다지 좋다고 할 수는 없지만, 스포츠 심리학자들을 접할 수 있었던 건 아주 유익했다. 이 전문가들은 나와 내 동료 선수들이 최고의 역량을 끌어낼 수 있도록 심적 이미지(mental image)를 계발하는 법을 가르쳐 주었다. 그들은 경기의 중요한 국면을 내적으로 시각화하는 방법을 세심하게 지도했다. 전문가들의 표현을 빌리면 '영역 안에' 들어올 때까지 우리는 그것을 반복해서 연습했고 마침내 우리의 자동적 반응의 일부가 되었다. 시각화는 경기가 과열되거나 수천 명의 관중이 함성을 지르며 응원할 때 곧잘 잃어버리게 되는 약속된 플레이, 전략, 기술 들을 기억하는 데 도움이 되었다. 이런 시각화 연습에 몰입함으로써 얻은 즐거움 덕분에 창의적인 상태를 유지할 수 있었던 적이 많았다. 그리고 내가 아버지가 되어 주어진 일과 책임에 압도되는 느낌을 받았을 때, 전에 배운 이 기술을 이용하니 에너지가 낮을 때나 올바른 의식 상태로 돌아오려 애쓸 때도 도움이 되었다.

선명하고 맑은 이미지를 떠올리는 자연스러운 시각화 방법이 있다. 먼저 물 샐 틈 없이 꼭 들어맞으면서도 단순한 4단계를 알아야 한다. 이 4단계 모델(fourfold model)은 워낙 부드럽고 원활하게 이루어지기 때문에 간과하기가 쉽다. 그래서 잊고 지나칠 경우 본능적으로 뭔가가 빠진 것 같은 느낌을 받는다. 4단계는 아래의 항목을 잘 알아차리는 상태로 구성된다.

- 우리 몸 안에 흐르는 감각
- 우리의 생기, 활력, 생명력의 수준
- 감정적으로 움직이는 것
- 우리 자신의 자아 감각

이번 장에서는 이 4단계의 역학을 차례대로 살펴본다. 먼저 우리가 흐름과 강인함을 느끼는 상태일 때의 4단계를 살펴보고, 이어서 감정적 열병을 앓을 때의 4단계를 똑같이 다시 한번 훑어볼 것이다. 다음의 단계들을 자세하게 살펴보자.

흐름 상태의 4단계

● 단계 1 : 몸 상태

아이와 함께하며 흐르는 상태일 때의 시간을 시각화하면서 우리의 자세를 경험하는 법을 알아본다. 보통은 이때 이완되고 편안해진다. 많은 사람이 근육의 긴장이 풀리고, 얼굴이 편안해지고, 눈이 부드러워진다고 말한다. 목이나 등 아랫부분 등 특정 부위에서 습관적인 긴장감을 느끼던 사람들도 평소보다 긴장감이 덜하다고 말한다.

● 단계 2 : 에너지 상태

경험에서 좀 더 깊이 들어가 우리 내면의 미세한 에너지 흐름에 주의를 기울인다. 한의학에서는 이것을 기(氣)라고 부른다. 정신분석가 빌헬름 라이히(Wilhelm Reich)는 오르곤(orgone)이라 불렀고, 철학자이자 신비사상가인 루돌프 슈타이너(Rudolf Steiner)는 에테르체(etheric body), 생명체(life-body), 형성력체(formative-force body)라고 명명했다. 발명가이자 연구가인 세묜 키를리안(Semyon Kirlian)은 식물, 동물 그리고 인간의 체내와 그 주변에 흐르는 이러한 생명력을 보여 주는 사진 촬영 기법을 개발하기도 했다. 여기서 우리는 가족과 함께 흐르는 상태일 때의 자신을 시각화하며 경험하게 되는 활력을 자세히 살펴볼 것이다. 이때 전반적인 행복감이나 '나에게 요구되는 무언가를 채울 힘이 내 안에 있다'라는 감정을 경험하곤 한다. 기분이 고양되고 활력이 오른다고 말하는 사람도 있다. 멋진 일이다. 그런 순간을 포착해서 그려 보고, 그 속에 존재해 보는 건 분명 해볼 만한 가치가 있는 일이다.

● 단계 3: 상관적 상태

가족과 관계를 맺을 때 우리 안에서 움직이는 감정들은 강력하고 선명할 때가 많다. 아이와의 관계가 원활하다고 생각해 기분이 좋을 때, 우리는 안심한 채 해야 할 일들이 적힌 긴 목록에서 다음 항목이 무엇이건 확인하지 않고 그냥 넘어가는 경향이 있다. 이 단계에서는 잠시 멈춰서 명랑하고 쾌활한 감각에서부터 고요하고 평화로운 감각까지 감정적 흐름 속에 존재하는 경험을 음미한다.

● 단계 4: 본질적 상태

우리 존재의 핵심에는 본질이 있다. 이 본질은 자아 감각을 형성하고, 동식물과 구분 짓는 특별한 의식을 우리에게 부여한다. 이것을 '나(자아)'라고 부를 수 있다. 자존감도 이런 기본적인 본질의 일부이다. 자존감은 우리가 매일 행동에 옮기려고 노력하는 훌륭한 윤리적·도덕적 자질을 발달시켜 준다. 그것은 일종의 소속감으로, 이때 소속이란 어떤 장소가 아닌 자신의 자아에 속하는 걸 의미한다. 그럴 때 우리는 육체만이 아니라 감각적으로도 자신이 누구인지 느끼고 편안하게 존재할 수 있다. 가정생활에서 우리가 자녀에게 좋고 바람직한 것이 무엇인지 아는 강력한 토대를 갖추었다고 느낄 때, 이런 종류의 본질적 흐름의 감정을 실제로 경험하는 일이 생긴다. 우리는 방향키를 잡고 있고, 우리가 가족을 위해 설정한 방향이 타당하고 옳다고 생각한다.

열병 상태의 4단계

● 단계 1: 몸 상태

우리가 부모 역할을 잘 해내지 못하고 있을 때, 몸이 자극을 받아 긴장할 수 있다. 압박을 받는 지점은 각자 다르겠지만, 공통점은 그것들이 대개 우리의 스트레스 정도에 따라 왔다 갔다 하는 아주 익숙한 것들이라는 점이다. 잔뜩 긴장하고 있는 근육 군이 우리에게 이롭게 작동하게 만들 방법이 있다. 이런 근육 군들은 우리가 미쳐 버릴 것 같은 기분이 드는 순간에 조기 경보 시스템을 만들어 우리에게 신호를 준다. 잘 들어보면 마음에 앞서 몸이 전하는 말을 들을 수 있다. 우리 안에 서서히 분노가 피어오르고 있으며, 점점 고조되어 화가 폭발할 수 있다고 말해 주는 경고 메시지를 말이다.

근육이 경직되는 곳이 어디인지 알아내기 위해 연민 어린 대응 연습을 이용해 스스로 이 신호를 인식하는 훈련을 할 수 있다. 이를 통해 호흡의 속도를 늦추고 우리 몸이라는 책을 읽어 내는 눈을 가질 수 있다. 예를 들어 분노가 스멀스멀 올라올라치면, 나는 고개를 숙이고 대퇴부의 사두근을 조이고 충격에 대비해 무릎을 끌어안는 자세를 취한다. 나는 오랫동안 사람들과 신체적으로 접촉하는 운동을 하면서 이런 자세를 배웠다. 내가 이 자세를 취하면 아이들은 내 상태를 금방 알아차린다. 만약 화가 날 때마다 반복되는 나만의 패턴을 알아내기 위해 시간과 공을 들이지 않았다면, 의식적으로 내가 이런 자세를 취한다는 걸 알 수 있었을지 의문이다. 나는 이 알아차림 덕분에 볼썽사납고 나중에 후회할 만큼 감정을 폭발시킬 수도 있었던 수많은 상황에서 빠져 나올 수 있었다.

● 단계 2: 에너지 상태

원활하게 돌아가지 않는 상태에 놓인 자신을 그려 보면 종종 에너지가 저하되고 고갈되는 것처럼 느껴진다. 한 어머니는 이를 두고 "주변의 모든 사람이 내가 물을 가져오리라 기대하고 있는데, 우물 속을 내려다보니 물이 마른 상태"라고 묘사했다. 뭔가 활기가 없고 심한 피로가 느껴지는 상태라고 말하는 사람도 있다.

반면에 경직되고 맹렬한 힘으로 이 상태를 경험하는 사람도 있다. 이는 마치 집을 따뜻하게 덥히는 데 필요한 장작을 가져와 분노의 모닥불 속에 던지는 것과 비슷하다. 불은 화르르 강렬하게 타오르며 주변에 있는 모든 것을 태워 버린다. 그러다 불길이 잦아들면 당신은 추위에 몸을 떨며 자신의 무모한 행동을 부끄러워한다. 하나의 상황에 너무 많은 에너지를 쏟을 때도 우리는 이와 비슷한 감정을 느낀다. 이런 식으로 좌절감을 자아내는 아이, 남편이나 아내의 반항적인 태도를 모조리 태워 버릴 수 있다. 그로 인해 우리는 지치고 영혼마저 녹초가 된다. 게다가 우리의 불같이 격정적인 에너지를 맞은 가족 구성원들이 발을 빼고 뒤로 물러났을 가능성이 크다. 그러면 우리는 고립되어 외로움을 느끼고 상당히 치욕스러운 감정을 느낀다. 이런 경험을 알아차리면 향후 갑자기 욱해서 버럭 화를 내는 일을 방지할 수 있다. 또한 에너지가 고갈되거나 무모해지려 할 때를 의식하는 데도 도움이 된다. 우리가 보유한 조기 경보 시스템에 또 하나의 기능을 추가하는 것이다.

● 단계 3: 상관적 상태

육아를 하다 보면 잇따라 일어나는 감정의 혼란 상태를 항상 예의 주시하기 어려울 때가 있다. 사람들에게 잠시 멈춰서 자신이 그와 같은 감정을 경험할 때의 모습을 그려 보라고 하면 좌절감, 분노, 분개 심지어 격분과 같이 '뜨거운' 단어를 말한다. 반대로 슬픔, 비참함, 패배감 같은 '차가운' 단어도 종종 언급한다. 이때는 감정이 꽉 들어차 다루기 가장 힘든 상태라고 할 수 있다. 하지만 연민 어린 대응 연습을 통해 '상관적 상태' 단계에 도달할 때쯤이면 강하고 따뜻한 능력이 만들어진다. 우리는 이 상태를 깊이 곱씹기보다 역동적으로 흐르는 상태일 때와 비슷하게 다룰 것이다. 시각화가 일어날 때까지 연습하고, 그런 다음 계속해서 진행해 나간다.

● 단계 4: 본질적 상태

방향을 잃은 느낌은 견디기 힘들다. 계획을 잃었는데, 이를 감지한 아이가 제멋대로 굴려고 하는 걸 알면 특히 더 혼란스러울 것이다. 주변 세상과 화합하지 못하는 느낌이 들 수도 있다. 이는 우리의 목적이 오해를 산다는 느낌으로 이어질 수 있고, 더 길어지면 심지어 우리 자신의 동기까지 의심하게 된다. 9살짜리 딸 그리고 아내와 사이가 좋지 않아서 힘들어하던 한 아버지가 이렇게 말했다. "나는 내가 누구인지 알아요. 직장에서의 위치, 친구와의 관계에서 내가 서 있는 곳을 잘 알고 있죠. 그런데 집에만 가면 자유 낙하를 하는 기분이 듭니다."

다시 한번 말하지만, 우리는 이런 불안한 경험을 곱씹지 않을 것이다. 다만 그것을 인식하기 위해 표면으로 끌어낼 것이다. 그것이 무의식의 깊고 어두운 곳에 숨어 있지 않도록 말이다.

결론

우리 삶을 4단계 층위로 나누어 살펴보는 일은 새로운 아이디어가 아니다. 루돌프 슈타이너는 우리를 '4구성체 인간(fourfold human beings)'이라고 불렀다. 이것은 많은 사람이 본능적으로 알고 있는 삶을 이해하는 한 가지 방식이다. 우리는 모두 몸이 있고, 그 안에 활력과 감정이 흐른다는 걸 안다. 우리가 자아 감각을 가지고 있다는 걸 인식하는 것 또한 기본적인 개념이다. 그런데 우리는 이 4단계 중에서 한두 가지와 지배적인 관계를 맺고 나머지는 등한시는 경향이 있다. 예를 들어 당신이 감정에만 강하게 집중하면서 그것을 당신의 참모습이라고 느낀다면, 내면에 흐르는 미세한 에너지를 놓쳐 쉽게 격정에 휩싸이고 고갈될 수 있다. 또한 정체성과 자기다움이 자신과 세상을 연결 짓는 방식이라고 보는 사람은 오로지 그쪽만 신경 쓰느라 육체의 요구를 무시하고 잘 먹지 않을 수 있다. 반대로 헬스클럽에서 긴 시간을 보내며 몸만들기에 매진하는 게 자기다운 모습이라고 생각하는 사람은 정서 발달에 어려움을 겪을 수 있다.

4단계 방식으로 자기 자신을 들여다보면 몸, 마음, 그리고 정신 건강에 필수적인 균형을 맞출 수 있다. 우리의 육체적 건강은 몸의 면역 체계를 토대로 만들어지는데, 대부분 그것은 질병과 싸워 이겨냄으로써 얻게 되는 힘에 의존한다. 이와 유사하게 우리의 정서적 건강과 자아 감각도 부분적으로는 격정에 압도되고 방향을 잃은 상태를 다루는 방법에 따라 좌우된다. 아프고 힘든 시간을 성장의 본질로 보는 것도 도움이 되지만, 그보다 먼저 불편과 질병이 우리에게 보내는 메시지를 인식해야 한다. 우리 안에 존재하는 흐름 상태와 열병 상태 모두를 주의 깊게 살펴봄으로써 이 작업을 시도해 보고자 한다.

받아들임 - 감정적 들숨

일단 우리가 자신의 흐름 상태와 열병 상태의 모습을 그릴 수 있다면, 그 이미지를 특별한 방식으로 옮기는 작업을 시작할 수 있다. 이는 투쟁·좌절감·실망감을 포용하는 일(들숨), 모든 부모가 경험하는 성공과 승리를 축하하는 일(날숨)과 관련이 있다. 감정적 들숨(emotional in breath) 상태부터 시작해 보자. '숨을 들이마신다'라고 해서 반드시 실제로 공기를 흡입하라는 건 아니다. 이 연습을 하면서 호흡의 리듬이 본인에게 잘 맞는다면 그렇게 해도 괜찮지만, 그보다는 영혼에 열이 오른 상태에서 당신이 만들어 낸 자신의 모습을 시각화하라는 의미이다.

아픈 아이를 보살피듯 감정 끌어안기

우리가 직면한 도전과 그 도전이 우리 내면에서 만들어 내는 영혼의 열병을 받아들이는 일은 아픈 아이를 돌보는 것과 비슷하다. 예를 들어 바이러스에 감염된 아이를 꼭 안아 주는 것은 부모가 가진 가장 기본적인 본능 중 하나이다. 아파하는 아이를 보면 우리 마음도 아프다. 심한 좌절감을 느낄 만큼 아이가 도발할 때도 우리는 아이가 연약하고 다치기 쉬운 존재라는 걸 안다. 그래서 아이가 아파할 때 우리는 아이 곁에서 멀리 떨어지지 않는다. 아주 어린아이라면 무릎에 앉혀 흔들면서 나직이 노래를 불러 준다. 좀 더 큰 아이라면 조용히 옆에 누워 우리의 어린 시절 이야기를 들려주며 잠들 때까지 함께한다. 우리의 직관이 아이를 가까이 끌어당기라고 말한다.

그런데 만약 육아를 하면서 부모인 우리가 영혼의 열병을 앓게 된다면 어떨까? 정확히 같은 일을 할 수 있다. 아파하는 아이를 대하듯 애쓰는 마음과 투쟁하는 마음을 우리 가까이 끌어당길 수 있다. 비유적으로 말하면, 마음의 팔을 활짝 벌려 압도되고 방향을 잃어 어쩔 줄 몰라 하는 감정에 손을 뻗고 우리 가까이 끌어올 수 있다. 아이를 위해 그럴 수 있다면, 우리 자신이 편안하지 않을 때도 얼마든지 똑같이 아끼고 보살피는 지혜를 활용할 수 있다.

거리를 두고 지켜본다는 말의 함정

몇 년 전 워크숍에서 부모들에게 육아 문제를 무시하면 얼마나 일이 복잡해지는지 이야기한 적이 있다. 상황이 좋지 않을 때는 어느 정도 거리를 두고 지켜볼 줄 알아야 한다고 믿는 경향에 대해 '떨어져서 짐 들기'라는 표현을 사용했다. 누구나 불편한 감정을 깊이 생각하고 싶지 않은 건 당연하다. 나는 그런 태도를 그날 가져온 내 서류 가방에 빗대어 설명했다. 말 그대로 가방은 '짐'이니까 적절한 비유가 될 듯했다.

나는 가방을 집어 팔을 쭉 편 상태로 들었다. 처음에는 그다지 무겁지 않았지만 계속 들고 있다 보니 조금씩 더 무겁게 느껴졌다. 아무렇지 않은 척 강의를 이어갔지만 점점 팔이 무거워지고 떨리기 시작했다. 그렇게 가방의 무게를 견디면서 동시에 사람들과 계속해서 소통하는 와중에 어느 순간 집중력이 깨져 버렸다. 시간이 지날수록 더 힘들어졌고 결국 나는 선택을 해야 했다. 가방을 떨어뜨리든가 아니면 가까이 당겨오든가. 가방을 가까이 가져와 품에 안으니 너무도 편안했다. 가방의 무게가 갑자기 훨씬 가벼워졌다. 그러고 나니 온전하게 생각을 할 수 있었다. 워크숍에 참석한 사람들은 내가 몸소 보여 준 예가 육아 문제를 다루는 우리의 성향을 얼마나 잘 보여 주는지, 팔 길이만큼 떨어져서 문제를 대하는 태도가 어떻게 우리를 짓누를 수 있는지 인식하며 웃음을 터뜨렸다.

알다시피 어려움을 마음 바깥으로 밀어내 손에 닿지 않는 곳에 둔다고 해서 그것이 간단하고 편리하게 사라지지는 않는다. 인생은 그런 식으로 돌아가지 않는다. 시간이 지나면 결국 문제가 더 커져서 우리의 일부분이 된다. 그리고 이때 감정 광학의 법칙이 작용한다. 우리가 보지 않으려고 외면한 것, 자기 자신에 대해 싫어하는 점이 다른 사람들에게 훤히 드러나는 것이다. 왜 그럴까? 거기가 바로 우리 감정의 사각지대이기 때문이다. 아마도 사람들은 여전히 우리를 좋아할 테지만, 딱 꼬집어 말하기 힘든 불쾌한 기분을 경험할 것이다.

노세보 효과, 잘못된 믿음의 위험성

부모로서 직면하게 되는 힘든 시간과 자기 회의, 패배감을 직관적으로 받아들이는 사람들이 있다. 그러나 대부분은 이를 고난으로 경험하며 힘들어한다. 지금부터 다룰 내용은 받아들임에 익숙해지기 위해 좀 더 다양한 각도에서 끌어안음의 원리를 바라볼 필요가 있는 사람들에게 유용할 것이다.

문제를 받아들이고 감정적으로 우리 가까이 끌어당기는 일이 불안하게 느껴지는 건 당연하다. 그러나 이런 근심을 자세히 살펴볼 필요가 있다. 2012년 8월 10일 자 《뉴욕타임스》에 '노세보 효과(Nocebo Effect)에 주의하라'라는 눈길을 끄는 표제가 올라왔다. 노세보 효과는 익히 알려진 플라세보 효과(Placebo Effect)에서 파생된 용어이다. 플라세보 효과란 임상 시험 단계에서 연구자들이 새로운 치료제의 유효성을 판단하기 위해 실험에 참여한 두 그룹 중 한 그룹에만 진짜 약을 주고, 나머지 그룹에는 진짜라고 말하면서 가짜 약을 지급했을 때 나타나는 위약 효과에서 유래했다. 한편 노세보 효과에 관한 두 가지 예로는, 먼저 한 연구에서 환자들에게 소금물을 나눠 주며 그것을 화학 치료제라고 알려 주자 소금물을 마신 환자 중 30퍼센트가 탈모 증상과 구토를 경험했던 사례가 있다. 좀 더 극적인 사례로는 항우울제 임상 시험 참가자들에게 플라세보 알약을 주었더니 약을 복용한 사람 중 26명이 자살을 시도했던 일이 있다. 뿐만 아니라 인체한 무해한 약이었음에도 참가자들 혈압이 위험 수치까지 떨어졌다. 굳이 이런 사례를 들려주는 이유는 살면서 누구나 겪을 수 있는 진짜 건강상의 문제에 관해 이야기하기 위함이 아니다. 그보다는 심신(mind-body)의 경험이 얼마나 강렬할 수 있는지를 환기시키기 위해서이다.

심신 관계의 힘을 다룬 문학 작품으로 셰익스피어의 희곡《겨울 이야기》를 꼽을 수 있다. 작품에 등장하는 왕은 왕비가 바람을 피우고 있으며 심지어 자녀들도 자신의 아이가 아니라고 의심한다. 그가 오랫동안 신뢰해 온 신하들이 그 믿음은 잘못된 것이라고 계속해서 조언하지만, 왕은 자신이 옳다고 확신하기 위해 강박적으로 상황을 왜곡하고 과장한다. 그 과정에서 진정한 사랑을 보여 주는 왕비의 수많은 작은 신호, 친구와 신하들이 전하는 진심 어린 조언을 놓쳐 버린다. 결과는 당연히 비극이다. 혼란에 빠진 왕은 왕비를 감옥에 가두고 재판에 넘긴다. 왕비는 진실하며 아이들 역시 왕의 자녀라는 신탁의 말에도 계속해서 왕은 자신의 망상을 믿는다. 셰익스피어 작품에서 흔히 볼 수 있는 전형적인 절정의 순간, 왕은 신탁이 말한 진실을 완전히 부인하고 왕비는 아들이 죽었다는 소식에 심각한 혼수상태에 빠진다. 그리고 왕은 위기에 몰린다. 가장 비극적인 순간, 얼어붙었던 왕의 영혼의 겨울이 부서지면서 새로운 봄이 시작된다. 이후 왕은 16년 동안 영적인 여행을 떠나 참회의 시간을 갖는다. 주변 사람들을 돌보고, 자신을 진정으로 아끼는 사람들이 살아가는 이야기와 그들이 세상을 바라보는 방식에 귀 기울이는 법을 배운다. 그리고 극적인 결말에서 죽었다고 생각했던 왕비와 재회한다. '휴, 행복한 결말이라 다행이야!'라고 생각할 수 있지만, 이 이야기에 담긴 진정한 힘은 우리의 믿음이 어떻게 저만의 생명력을 가지고 뻗어 나갈 수 있는가에 있다.

의식적으로 선택하기

부정적 경험에서 생기는 감정의 불편한 진실은 어쨌든 그것이 우리를 향해 다가오고 있다는 것이다. 이때 우리가 할 수 있는 선택은 그것을 의식하거나 의식하지 못한 채 기습을 당하거나 둘 중 하나이다. 힘든 감정이 존재한다는 걸 알면서도 못 본 체하고 명랑하길 고집하는 것도 위험한 선택이다. 물론 짐을 가까이 끌어당기기 꺼려질 수 있다. 그토록 힘든 감정을 정말로 받아들여야 하는지 모르겠다고 말하는 사람도 있다. 하지만 그런 감정은 이미 우리 안에 있다. 관건은 그 감정을 어떻게 다룰까이다. 국제 교육 기관 스페셜 다이내믹스 인스티튜트(Spacial Dynamics Institute)를 설립한 내 친구 제이먼 맥밀런(Jaimen McMillan)은

"삶에서 우리에게 다가오는 것을 통제할 순 없지만 어디에서 어떻게 만날지는 결정할 수 있다"라고 말한다. 참 지혜로운 생각이다.

자존감과 자신감을 회복하는 법

지금은 수많은 애플리케이션을 사용해 방금 다녀간 식당이나 가게에서의 경험을 평가하고 공유한다. 이런 주관적인 평가 문화가 우리 삶의 다른 국면으로까지 번져 나가는 것 같다. 그런데 부모로서 우리가 자신을 혹독하게 비판하는 성향은 아직 이런 주관적인 평가에 면역력을 갖지 못한 듯하다. 예를 들어 보자. 나는 언젠가 아주 유명한 고대 삼나무숲에서 길을 찾기 위해 스마트폰 GPS를 설정하며 기이한 상황에 마주했던 적이 있다. 나와 우리 가족은 거대한 나무 앞에 꽤 오랫동안 조용히 앉아 있었다. 그러고는 자연 세계가 주는 새로운 경이로움을 느끼며 오토바이에 올라탔는데, 그 순간 스마트폰 화면에 그 나무와 우리의 경험에 평점을 매기라는 메시지창이 떴다! "내가 경험한 내적 평화를 디지털 기기에 별점으로 매기라고?" 우리는 수천 년을 그 자리에 서 있으면서 수없이 많은 화재와 가뭄을 견뎌 낸 그 나무는, 아마도 우리가 매기는 점수 따윈 전혀 신경 쓰지 않을 거라고 생각하며 미소 지었다.

이 경험을 통해 나는 우리의 평점 매기기 문화에 대해 생각해 보게 되었다. 이 주제에 관한 연구를 조금만 파보았는데도 아주 흥미로운 사실이 드러났다. 말하자면 이런 식이다. 어떤 식당에 대해 긍정적인 평가가 10개 이상 달려도 그다음에 부정적인 평가가 한두 개 나오면 좋은 인상이 지워져 버린다. 확실히 부정이 긍정보다 훨씬 강한 영향을 주는 것 같다. 그런데 만약 식당 주인이 부정적인 평가에 정직하고 공개적으로 대응하면, 식당에 대한 부정적인 인상이 지워질 뿐 아니라 그 식당과 서비스에 대한 평가를 읽는 사람의 긍정적인 인상이 증진된다. 이와 유사한 방식으로 연민 어린 대응 연습은 스스로에 대한 부정적인 평가를 긍정적인 자존감으로 바꾸도록 도와준다. 스스로를 정당화하지 않고, 밀어내지 않고, 부정하지 않으면서 항상 올바르게 교정하지는 못할 수 있다는 사실을 솔직하게 받아들이고 포용하게 한다. 그러면 자아존중감이 높아지고 자신감을 회복할 수 있다. 그렇게 해서 우리는 아이가 의지할 수 있는 존재, 감정적으로 잘 조절된 안전한 항구가 되는 것이다.

감정을 위한 공간 만들기

연민 어린 대응 연습은 육아할 때 발생하는 감정을 훨씬 더 잘 의식할 수 있게 도와준다. 그것도 아주 다정하고 부드러운 방식으로 말이다. 여기서 핵심은 이 연습이 우리 내면에 자리한 흐름과 열병 상태 모두에 동등한 공간을 마련해 준다는 점이다. 또한 이 연습은 문제와 자기 회의에 과도하게 집중하지 않고, 초대받지 않은 손님을 출입구로 밀치지 않는다. 이에 관해 유명한 영화감독인 베르너 헤어조크(Werner Herzog)는 미국 공영 라디오와의 인터뷰에서 다음과 같이 말했다.

심리치료를 너무 많이 강조하고 자아에 대해 너무 많이 알려는 풍조가 만연해 있는 것 같습니다. 이건 탐욕스러운 사고방식으로 아는 것이라고 생각해요. 만약 당신이 밤낮없이 집 안 구석구석을 계속해서 비추고 밝힌다면, 그 어떤 신비로움도 찾을 수 없을 겁니다. 그 집은 살 수 없는 곳이 될 거예요. 그리고 당신을 내쫓을 겁니다. 현대의 심리치료와 뉴에이지 운동이 이런 일을 하고 있습니다. 우리는 세세한 부분까지 모두 다 밝혀내는 것에 매료되지만, 그런 식으로 빛을 비추는 건 잘못된 겁니다.

연민 어린 대응 연습은 성공과 도전 두 가지 모두를 조명한다. 그것은 우리가 이상적인 모습의 부모가 되지 못하고 수많은 실패를 거듭할 때는 우리 자아를 용서하는 부드러운 빛이 되어 주고, 우리가 일을 옳게 바로잡을 때는 조용히 축하하는 빛이 되어 준다.

내려놓음 - 감정적 날숨

우리는 부모로서 높은 이상을 품는데 놀랍게도 가끔은 그 높은 기준에 부응할 때가 있다. 우리는 이러한 가치에 대해 많이 이야기하지 않지만, 항상 그것들은 표면 아래에 자리하고 있다. 정말 잘하고 있을 때, 우리는 조용히 만족감을 느끼거나 때로는 흘러넘치는 기쁨에 눈물을 흘린다. 혼자서 주먹을 흔들며 남몰래 기쁨의 춤을 추기도 한다. 하지만 대개는 막연히 잘 해내고 있다는 생각에 안도감을 느끼고, 부모 노릇이란 게 충분히 할 만한 가치가 있는 일이라고 스스로를 독려하는 결론에 이른다.

이번 장에서는 이렇듯 미세하지만 부모로서 위대함을 느끼는 순간을 키워 가는 법을 알아보면서 연민 어린 대응 연습을 위한 다음 단계를 준비한다. 우리가 가진 역량의 따스함을 즐기고 그것이 바깥으로 흐르게 할 것이다. 동시에 우리 자신을 그 따뜻한 찬란함 속에 몸담게 할 것이다. 그런 의미에서 이것은 감정적 날숨(emotional out breath)이다. 다시 한번 말하지만, 여기서 말하는 건 신체적 호흡에 집중하라는 의미가 아니다. 실제로 그렇게 하는 게 효과가 있다면 해도 좋지만, 무엇보다 이때 날숨은 열병을 앓는 자아 이미지를 내적으로 끌어당기는 일과 정반대의 효과를 노림으로써 둘 사이의 균형을 이루는 작업이다. 조금 더 깊이 들어가 우리 자신의 자신감과 역량을 인식함으로써 흐름을 촉진할 수 있다.

오늘의 '승리' 나누기

가정에서 우리가 뭔가를 잘 해냈거나 그 일로 다른 누군가가 감사를 표현하면 "자랑 좀 하시겠네"라는 말이 나오곤 한다. 많은 일을 해냈다는 내용의 글짓기 숙제를 읽는 교사가 이런 기분이지 않을까? 마찬가지로 내가 사는 농장에서 부서진 울타리를 발견하고 동물들이 뛰쳐나가기 전에 그것을 고쳤을 때도 비슷한 기분이 들 것 같다. 나는 아내와 아이들에게 곧잘 "오늘의 승리는 뭐지?"라고 묻곤 한다. 그날 이룬 작은 성취를 듣고 마음이 따뜻해지는 반응을 한다. 나의 어머니는 자화자찬은 진정한 칭찬이 아니라는 기독교 정신을 반영한 구절을 종종 주문처럼 말씀하셨지만, 나는 내 가족이 거둔 작은 승리에 대해 듣는 게 좋다. 가족들이 당면한 문제를 어떻게 극복했는지 말하면서 미소 짓고 눈을 반

짝이는 모습을 어떻게 보고 싶어 하지 않고 듣고 싶어 하지 않을 수 있을까? 나는 상상도 못 하겠다.

우리는 모두 신의 자녀이다

자신의 자아를 인정하고 칭찬하기보다 다른 사람을 축하해 주는 게 더 쉬울 때가 많다. 예를 들어 멋진 아이디어가 있지만 자기 입으로 말하기보다 먼저 말한 누군가의 말을 인용함으로써 그것이 괜찮은 생각임을 증명하는 식이다. 이렇듯 스스로 어떤 자격이 있다고 생각하는 걸 부담스러워하는 사람이 많다. 특히 엄마, 아빠의 자격을 말할 때 자신 없어 한다. 작가 메리앤 윌리엄슨(Marianne Williamson)이 《사랑으로 돌아가기(A Return to Love)》에서 한 말이 이를 잘 요약하는 것 같다.

> 우리가 느끼는 가장 큰 두려움은 무능하다는 느낌이 아니다. 오히려 너무도 강인하다는 걸 제일 두려워한다. 어둠이 아닌 빛 때문에 우리는 가장 크게 놀란다. 스스로에게 '이토록 명철하고 멋지고 재능 넘치고 훌륭한 나는 누구일까?'라고 물어보라. 그렇지 않을 이유가 있는가? 그대는 신의 자녀이다. 그대가 두렵고 불안하다고 느껴 주저하는 것은 세상에 도움이 되지 않는다. 그대가 움츠러들면 주변 사람들이 불안하다고 느끼지 않을 거라는 생각에서 깨달을 것은 없다. 아이들이 그러하듯 우리 모두는 빛날 존재

이다. 우리는 우리 내면에 함께하는 신의 영광을 드러내기 위해 태어났다. 우리 중 일부만 그런 것이 아니라 모두가 그렇다. 우리가 내면의 빛을 밝히면, 의식하지 못하겠지만 다른 사람들도 똑같이 빛을 밝히게 하는 것이다. 우리가 가진 두려움에서 자유로워질 때 의식하지 못하나 우리 존재는 다른 사람을 자유롭게 한다.

소중한 추억 내려놓기

우리는 소중한 추억과 빛나는 순간을 가까이 끌어안는 성향이 있다. 그것이 우리에게 편안함을 주기 때문이다. 하지만 너무 꼭 끌어안고 있으면 사랑스럽던 느낌이 따스함과 활력을 잃고 고정된 이미지가 되어 버릴 수 있다. 연민 어린 대응 연습은 이런 성향을 뒤집어 멋진 순간들을 놓아주고, 그 이미지를 확장하고 성장시켜 그것의 광휘가 온통 우리를 감싸게 한다. 이를 위해 우리는 자기 자신, 아이들과 함께 흐를 때의 이미지를 불쏘시개로 사용한다. 그 이미지가 따뜻함을 내뿜으며 조용한 즐거움으로 우리를 가득 채울 때까지 그것을 바깥을 향해 움직인다.

자신에게 너그러워지기

잘 해결된 어떤 상황에 관해 친구에게 말했더니, 그 친구가 당신이 한 역할을 좀 더 이야기해 달라고 한다면 어떨까? 아마도 당신은 자신이 한 일을 솔직하게 말해도 괜찮다고 느낄 것이다. 이런 너그러운 에너지를 "나와 가족을 이롭게 하는 일이 무엇일까?"라고 묻는 데 쓴다면 좋지 않을까?

한 어머니가 내게 이성을 잃은 순간에 관해 이야기했다. 그녀는 아이가 들을 수 있는 곳에서 욕을 했다는 이유로 수치심을 느꼈다. 그리고 아들이 자기가 한 욕을 똑같이 따라 하는 걸 두어 번 정도 들었을 때 수치심은 절망으로 바뀌었다. 이런 경우 당연히 자기 회의에 빠지게 된다. 그녀는 '정말 얼빠진 짓을 해 버렸어'라고 생각했다. 나는 그녀에게 사랑을 담아 다정히 아이에게 말을 건넨 적이 몇 번이나 되는지 물었다. "잘 모르겠어요. 아주 많아요." 나는 다시 말했다. "이렇게 해 보죠. 계산을 한번 해 보는 거예요." 그녀는 전업주부였기에 평소 아이와 접촉할 기회가 아주 많았다. 먼저 우리는 그녀가 한 시간 동안 아이에게 건네리라 예상되는 사랑의 말을 추산해 봤다. 그런 다음 간단한 셈을 해 봤더니, 어림잡아 한 달에 500회 정도 사랑의 표현을 한다는 결론이 나왔다. 이다음 대화가 어디로 흘러갔을지 예상할 수 있을 것이다. 나는 그녀에게 한 달에 몇 번이나 아이에게 모진 말을 하는지, 무심코 욕을 내뱉은 적이 얼마나 되는지 물었다. 대략 20번 이하였다. 스포츠를 좋아하는 사람이 아닐지라도, 어떤 시합에서 점수가 500:20이 나왔다면 누구든 대승으로 여길 것이다. 그녀는 눈물이 그렁그렁한 눈으로 차분하게 말했다. "고마워요. 이 점을 기억할 필요가 있을 것 같네요."

아름다운 육아의 순간 기록하기

오랫동안 혹은 짧은 기간이라도 일기를 쓰는 사람이 많다. 우리는 일기장이 자유롭고 안전한 장소라고 생각하는 경향이 있다. 그래서 삶이 어떻게 진행되고 있는지, 내면에서 무엇이 움직이고 있는지 진솔하게 일기장에 기록한다. 좋은 순간을 기록하는 일기는 연민 어린 대응 연습을 준비하는 데 핵심적인 도구이다. 이때의 일기는 육아하며 이룬 성공이라는 아주 특수한 영역에 국한되기 때문에 보통의 일기와는 조금 다르다. 방식은 이렇다. 매일 밤 잠시 그날 하루를 되돌아보며 우리가 앞장에서 다룬 흐름 상태를 경험한 순간을 찾아본다. 편안하게 이완할 수 있었던 순간, 에너지가 충만하고 평온하며 균형이 잡혀 있던 순간을 떠올려 본다. 운이 좋다면 좋았던 순간을 두세 번 정도 찾아내겠지만 횟수가 핵심은 아니다. 그 경험이 어떤 느낌이었는지 깊이 숙고하는 게 무엇보다 중요하다. 그 느낌을 음미하고 그 안에 푹 빠져 본다. 자신의 육아 능력으로 이뤄 낸 작은 기적을 온전히 즐기는 것이다.

좋은 일이 전혀 일어나지 않는 날은 거의 없다. 그런데도 그렇게 느끼는 이유는 좋은 순간이 없었기 때문이 아니라 기준을 말도 안 되게 높게 잡았거나, 하루를 다 보내고 너무 피곤해서 단 30초도 그런 생각을 하기 힘들기 때문일 수 있다. 어떤 부부는 잠을 자기 위해 불을 끄기 전에 함께 그날 있었던 최고의 순간을 생각해 본다고 말했다. 대개는 둘 중 한 사람이 뭔가를 기억해 내고, 덕분에 두 사람은 하루를 마감하며 기분 좋게 웃으면서 잠이 든다고 했다.

우리는 주로 밤에 가족에 대한 불안이나 고민을 생각하는 경향이 있는데, 저녁에 이 연습을 하면 부정적인 감정이 상쇄되어 균형을 잡는 데 효과가 좋다고 말하는 사람이 많다. 어린 딸을 키우기에는 자신이 너무 불안정하고 성숙하지 못하다는 의심을 극복하려고 노력하던 젊은 아빠가 있었다. 그는 하루에 한 번 스스로 '작지만 빛나는 순간'이라고 이름 붙인 일기를 쓰기로 결심했다. 매일 밤 잠들기 전에 무작위로 떠오르는 생각을 적어 나갔다. 처음에는 이렇게 적었다. "늦은 밤, 무척 피곤하다. 의심이 몰려온다. 스멀스멀 기어드는 것 같다. 침대에 누워 무력감에 방황한다." 몇 주가 지난 뒤 내용은 이렇게 바뀌었다. "처음 일기를 쓰기 시작했을 때 기분 나쁜 감정이 곧바로 없어지지는 않았다. 지금은 더 이상 그런 생각에 압도되지 않는다." 두 달이 지난 후에는 이랬다. "작지만 빛나는 순간들이 점점 더 커진다. 그런 일이 일어난 후 단지 기억할 뿐 아니라 그 순간을 실제로 내가 살아가고 있음을 알게 된 것 같다. 정말 멋지다. 일종의 습관이 된 걸까? 그동안 이 사실을 몰랐다는 게 우습기까지 하다. 정말 좋다."

또 다른 아버지는 소규모 건설업을 하면서 받는 심한 압박을 해소하는 데 이 연습이 도움이 되었다고 소회를 밝혔다. "누워서 사업 걱정을 하곤 했어요. 잘 해낼 수 있을지 노심초사하는 거죠. 저는 그다지 안정감을 느끼며 자라지 못했어요. 그리고 주택담보융자금을 갚고 아이들을 부양하느라 스트레스가 심했어요. 잠을 잘 못 이뤘죠. 그러다 어느 날부턴가 누워서 양의 숫자만 세느니, 그날 아이들과 아내와 함께할 때 있었던 멋지고 기분 좋은 일을 세어 보자 싶어서 그렇게 했어요. 그 일이 저에게 정말 중요한 것들과 우리가 잘하고 있는 점을 되새기게 해 주었죠. 저에게 꼭 필요한 관점이었어요. 그러고 나니 항상 느꼈던 긴장감이 가라앉는 듯했어요."

손녀딸을 키우던 한 할머니는 시간에 대해 재미있는 표현을 했다. "하루가 워낙 빨리 지나가서 매일 해야 할 일을 해내기만 하면 조그만 성취감이 느껴졌어요. 그런데 일기를 쓰면서 전혀 예상치 못했던 일이 생겼어요. 일기를 쓴 지 2주 정도 지나자 멋진 일이 일어나는 순간들을 인식할 수 있게 된 거예요. 그리고 놀랍게도 하루의 진행 속도가 느려지는 듯해서 서두르지 않게 됐고요." 왜 그런 일이 일어났을까 하고 묻자 그녀는 이렇게 답했다. "이전에는 손녀딸에게 무언가를 해 주느라 늘 정신없이 분주했는데, 그러기보다 잠시 숨을 고르고 현재에 머물 수 있는 기회를 스스로에게 주었기 때문인 것 같아요."

예쁜 가게에서 산 멋진 노트든 평범하고 오래된 노트든, 어디에도 좋은 순간을 기록할 수 있다. 어떤 사람은 휴대전화기에 자신의 목소리를 녹음해 두었다가 안심하고 진정할 필요가 있을 때 재생해서 듣기도 한다. 중요한 건 흐름 상태의 아름다운 경험을 떠올려 보는 시간을 갖는 것이다. 그저 한 방울의 감정일 수도 있고 조금씩 흐르거나 솟구치는 느낌일 수도 있다. 무엇이 되었든 핵심이 되는 감정은 동일하다. 우리에게 찬란한 순간을 만들어 낼 능력이 있다는 걸 알아야 할 때 그것이 힘을 북돋아 줄 것이다.

감정의 균형 유지하기

부정적인 감정과 자기 자신은 물론 다른 사람의 이미지를 포용하는 것은 연민 어린 대응 연습의 여러 가지 측면 중 하나이다. 그렇게 할 때 우리는 충만한 감정과 고정되고 경직된 관계의 어려움을 동시에 받아들일 수 있게 된다. 또한 두려움에 휩싸여 자기충족적 예언의 패턴에 빠지지 않고, 자신의 감정적 반응에 정직하면서도 배려 넘치는 따뜻한 빛을 비출 수 있다. 무엇보다 우리는 도전에 직면하는 것과 성공을 포용하는 것 사이에서 균형을 유지해야 한다. 앞서 알아보았듯, 핵심은 아직 우리가 바라는 대로 작동하지 않는 자신의 여러 가지 측면을 부정하거나 밀쳐 내지 않으면서 동시에 종종 우리가 그것을 올바르게 바로잡는다는 사실을 무시하지 않는 것이다.

식물이 우리에게 필요한 깨끗한 공기를 만들어 내기 위해 대기 중의 독소를 걸러 내는 방식과 더 나은 부모가 되기 위해 영혼의 열병 상태와 흐름 상태를 다루는 방식 사이에는 유사점이 있다. 식물은 이산화탄소를 필요로 한다. 이산화탄소가 빛과 물과 상호작용해 산소를 만들어 내기 때문이다. 마찬가지로 우리도 자녀와 관계할 때 몹시 어렵고 심지어 유해하다고 느껴지는 것들을 흡수해야 한다. 그리고 그것들이 빛으로 가득 차 흐르는 육아의 순간들과 감정적 화학 반응을 일으키게 해야 한다. 그렇게 할 때 온 가족이 받아들이고 영양을 섭취할 수 있는 훌륭하고, 깨끗하고, 건강에 좋은 공기가 만들어지는 것이다.

연민 어린 대응 연습 1
: 시각화하기

이제 연민 어린 대응 연습이 무엇이고, 그로 인해 당신이 이룰 수 있는 변화가 무엇인지 제대로 파악했으리라 믿는다. 이 장에서는 2단계로 이루어진 연민 어린 대응 연습 중 첫 번째 단계를 살펴본다. 첫 번째 단계는 당신이 가족과 함께하며 흐르는 상태일 때의 이미지를 세심하게 형성하는 방법과 상황이 잘 풀리지 않을 때의 시각화에 초점을 맞춘다. 처음에는 지시사항을 읽은 다음 책을 내려놓고 기술된 내용을 숙고해 볼 필요가 있다. 앞으로 다룰 내용은 독립적이고 기억해서 따라가기 쉬우며 세심하게 디자인되었다. 시간이 지나면서 글로 표현된 지침들을 지시사항이라기보다 기억을 상기시키는 용도로 받아들이게 될 것이다. 몇 번만 해 보면 책을 보지 않거나 필요할 때 조금만 봐도 얼마든지 잘할 수 있게 된다. 연극을 할 때 대본을 외우는 것처럼 처음에는 경험이 느리고 계속해서 대본을 확인할 필요가 있다. 하지만 이 연습은 개인의 인간적 경험에 관한 것이므로 '그래, 이제 알겠어'라고 느끼게 되기까지 걸리는 시간이 그리 길지 않다. 한두 주 정도 지나면 연습하는 데 채 2분도 걸리지 않을 것이다. 다만 배우는 단계에서는 10~15분 정도의 시간이 필요하다.

단계 1 _ 시간과 장소 정하기

비록 이 연습에 많은 시간이 걸리지는 않지만, 그래도 비교적 조용한 장소를 찾아서 할 수 있으면 좋다. 자동차에서부터 화장실까지, 수년 동안 나는 부모들이 이 연습을 하기 위해 어떻게 혼자만의 장소를 찾아냈는지에 관한 재미있는 이야기를 들었다(어린 자녀가 있다면 화장실은 홀로 있기에 최적의 장소가 아니다). 많은 사람이 자연 속에서 짧은 산책을 하거나 공원 주변을 걷는 방법을 택한다. 때로는 배우자나 친구에게 15분 정도만 아이를 봐 달라고 부탁해야 할 때도 있을 것이다.

맞벌이 부모들은 직장에서 점심시간이나 쉬는 시간에 이 연습을 하면 나머지 시간 동안 훨씬 더 집중할 수 있고 마음의 불안을 덜 느끼게 된다고 말했다. 워크숍에 참석한 한 아버지는 직장 일과를 마치고 책상을 정리할 때 연습을 한다고 말했다. "이렇게 하면 좀 더 준비된 상태로 집에 들어갈 수 있고, 직장에서의 스트레스를 아이들에게 풀지 않게 되더라고요." 앞서 말했듯이 사람들이 가장 많이 고르는 시간대는 아마도 잠자리에 들기 전일 것이다. 한 부모는 잠자기 전 침대에 눕는 것보다 앉아서 연습하는 게 더 도움이 된다는 걸 알아냈다. 다음과 같이 말한 어머니도 있었다. "연습하다가 잠이 들면 최소한 기쁜 상태로 잠을 자게 돼요." 또 다른 한 아빠는 육아 생활에서 얻은 현실적인 지혜를 발휘해 혼자만의 시간을 가진다며 씁쓸하게 이렇게 말했다. "'허드렛일할 시간이야'라고 큰소리로 외치면 희한하게도 혼자 있게 되더라고요."

단계 2 _ 마음속으로 준비하기

조촐한 의식을 치르면 분위기를 조성하는 데 도움이 된다. 특히 처음 연습을 배울 때 이렇게 하면 효과가 좋고 유용하다. 가장 일반적인 방법은 첫 시각화를 시작하기 전에 자기가 좋아하는 편안한 음악을 틀거나 좋아하는 시구와 글을 읊조리는 것이다. 잠시 시간을 내 의미가 담긴 그림이나 카드를 들여다보는 사람이 있는가 하면, 식물이나 나무 또는 좋아하는 풍경을 관찰하며 마음을 집중하는 사람이 있다. 하루가 지나가며 만들어 내는 계절과 시간의 변화에 주의를 기울이는 사람도 있다.

이 책의 부록에 내가 오랫동안 연민 어린 대응 연습을 실천하며 사용한 좋은 시구와 글귀를 실었다. 성경과 이슬람 신비주의 시인 루미(Rumi)의 시가 가장 자주 쓰이지만, 그 밖에도 영감을 주는 여러 가지 글이 있다. 이런 시나 글귀를 이용할 때는 전체를 기억하려고 애쓰기보다 의미 있는 부분을 한두 줄 정도 고른다. 나는 오랫동안 애덤 비틀스톤(Adam Bittleston)의 〈중보의 기도(Intercessory Prayer)〉를 애용했는데, 한 사람의 내적 과정에 초점을 맞추는 식으로 고쳐서 사용했다. 또한 그의 〈두려움에 맞서(Against Fear)〉라는 시도 좋아해서 부록에 포함했다.

더 나아가기 전에 먼저 부록 부분을 펼쳐서 마음이 가는 시를 고르거나 이미 골라 놓은 게 있으면 준비해 둔다. 글로 표현된 시구를 사용한다면 천천히 그리고 조용히 지금 자기 자신에게 말해 본다. 영감을 주는 이미지를 사용하는 경우라면 지금 꺼내서 그것이 당신에게 의미하는 바를 잠시 음미해 본다.

단계 3 _ 흐름 상태 시각화하기

당신이 가족과 함께하며 최고라고 느꼈던 시기, 특별한 날, 특별한 순간을 떠올린다. 돌이켜 보면 딱 하고 떠오르는 그런 순간 말이다. 육아의 흐름 상태에 있는 자신의 생생한 내면 모습을 그려 본다. 천천히 시간을 가지고 깊게 호흡하면서 이미지가 떠오르게 한다. 준비가 되면 다음 순서로 넘어가 이어지는 과정을 조금 더 깊이 탐구한다.

- **당신의 몸**

당신 경험의 따스함으로 당신의 몸을 채운다. 이 멋진 순간에 당신은… 한 몸을 보고 경험한다.

얼굴 근육을 이완하고

눈과 어깨, 가슴을 부드럽게 하고

팔을 편안하게 두고

손을 부드럽게 두고

이미지의 따스함이 나의 골반과 허벅지,

무릎 안과 주변을 타고 흘러내립니다.

커다랗고 부드러운 사자의 발처럼 발을 폅니다.

"나는 아주 편안합니다."

● 당신의 에너지

이 멋진 순간에 당신은 … 한 에너지를 보고 경험한다.

활력이 넘쳐흐릅니다.

나의 내면의 힘과 능력으로 삶이 요구하는 바를 수월하게 해 냅니다.

생명의 힘이 내 안에서 자랍니다.

"나는 회복하고 있습니다."

● 당신의 감정

이 멋진 순간에 당신은 자신의 … 한 감정을 보고 경험한다.

자신감에 차 있고

차분하며

즐거움을 추구하고

받아들이면서

"나는 균형 잡혀 있습니다."

● **당신의 자아 감각**

이 멋진 순간에 당신은 … 한 자신을 보고 경험한다.

나를 향해 흘러오는 미래에 열려 있습니다.

조화를 이루고

신뢰하고 신뢰받으며

결단력 있고

권위가 있고

"나는 중심이 잡혀 있습니다."

이제 당신이 만든 이미지에 부드럽게 집중한다. 그런 다음 그것을 한쪽으로 비켜 놓고 새로운 시각화가 일어날 공간을 마련한다.

단계 4 _ 열병 상태 시각화하기

당신이 정말 힘들어하며 애쓰던 시기, 특별한 날, 특별한 순간을 떠올린다. 돌이켜 보면 딱 하고 떠오르는 그런 순간 말이다. 뭔가 일이 잘 풀리지 않고 가족과의 사이가 좋지 않을 때, 육아의 열병 상태에 있는 자신의 생생한 내면 모습을 그려 본다. 천천히 시간을 가지고 깊게 호흡하면서 이미지가 떠오르게 한다. 준비가 되면 다음 순서로 넘어가 이어지는 과정을 조금 더 깊이 탐구한다.

- **당신의 몸**

열병을 앓는 순간 당신은 … 한 몸을 보고 경험한다.

얼굴 근육이 긴장하고
눈이 좁아지고
어깨와 가슴이 굳어지고
팔이 뻣뻣해지고
손을 꽉 쥐고
다리를 모으고
발가락을 모아 수축하며
"나는 긴장한 상태입니다."

- **당신의 에너지**

열병을 앓는 순간 당신은 … 한 에너지를 보고 경험한다.

나는 활력이 떨어졌습니다.
나는 지치고 무기력합니다.

나는 경직되어 있습니다.

들쭉날쭉 에너지 변화가 심하고

나는 경련을 느낍니다.

넘칠 듯 몰아치는 삶의 부담에 나의 내면의 힘은

함몰되어 있습니다.

생명력이 고갈되고

"나는 압도되어 있습니다."

- **당신의 감정**

열병을 앓는 순간에 당신은 자신의 … 한 감정을 보고 경험한다.

원기가 없고

좌절감과 분노를 느끼고

불안해하고

유머를 잃고

원망하면서

"나는 고통스럽습니다."

- **당신의 자아 감각**

열병을 앓는 순간에 당신은 … 한 자신을 보고 경험한다.

미래를 불안해하고

가족과 불화하고
걱정하고 불신하며
확신하지 못하고 결정하지 못하며
객관성이 결여되어 있고
상황을 매우 개인적으로 받아들이고
경직되고 뻣뻣하고 권위적이며
"나는 방향을 잃었습니다."

단계 5 _ 온전한 나 바라보기

앞서 해 봤듯 당신이 만든 이미지에 부드럽게 초점을 맞춘 다음 살짝 옆으로 비켜 두면, 흐름 상태와 열병 상태에 있는 당신의 두 가지 모습이 나란히 서 있는 걸 볼 수 있다. 이 두 가지 이미지가 균형을 이뤄 어느 하나가 우세하지 않도록 노력한다. 마음의 눈으로 하나의 그림에서 또 다른 그림을 본다. 빛과 어두움, 경솔함과 엄숙함, 흐름과 열병의 상태를 살펴본다. 이것이 바로 온전한 당신이다. 당신의 투쟁과 슬픔은 당신의 성공만큼이나 현실적이고 필요한 것이다. 시간을 가지고 천천히, 최선을 다해 침착한 상태로 두 가지 모두를 바라본다.

잘했다. 이제 당신은 연민 어린 대응 연습의 두 단계 가운데 첫 번째 단계를 마쳤다. 다음 장에서는 이러한 이미지들을 옮겨서 열병 상태를 통합하고 흐름 상태를 방출할 것이다. 많은 사람이 두 번째 단계에서 아름다움과 자유로움을 경험한다.

연민 어린 대응 연습 2
: 정신적 호흡

수많은 자기계발 훈련이 호흡하기와 관련이 있고 의식적으로 호흡을 이용한다. 연민 어린 대응 연습의 두 번째 단계에서 우리는 호흡을 이용하되 조금 다른 방식을 취할 것이다. 나는 이 방법을 '정신적 호흡(moral breathing)'이라고 부른다. 앞 장에서 언급했듯 이 연습은 숨을 들이마시는 육체적 호흡에 초점을 맞추기보다 감정적 열병 상태를 시각화하고 그것을 당신 가까이 끌어당겨 내면에서 통합하는 일이다. 그런 다음 흐름 상태에 있는 당신의 이미지를 바깥으로 내보낼 것이다. 만약 이런 확장과 수축이 당신 호흡의 자연스러운 리듬과 맞아떨어진다면 그렇게 해도 괜찮지만, 시각화한 이미지를 애써 육체적 호흡과 일치하게 만들려고 스스로를 제한하지 않도록 한다.

이번 연습에서는 '마음의 팔(heart's arms)'이라는 용어를 사용할 것이다. 멋지고 더 좋은 상태의 우리를 놓아주거나 열병을 앓고 있는 자아에게 손을 뻗을 때 이 마음의 팔을 사용한다. '마음의 도약(hearts leapt)', '침울한 마음(heavyhearted)', '마음의 따스함(heart's warmth)' 등 마음을 형상화한 비슷한 부류의 용어들이 많다. 하지만 이렇게 특정 어구를 사용하는 것이 육체의 심장과 관련이 있다는 뜻은 아니다. 단지 좀 더 깊이 자아를 표현하는 방식 정도로 보면 된다. 이는 삶에서 느끼는 감정을 수동적으로 받아들이지 않고, 우리 의도에 맞는 적극적인 조력자로 사용할 수 있게 하는 부드럽지만 강력한 이미지이다.

또한 '연민의 바다(sea of compassion)'라는 용어도 접하게 될 것이다. 연민의 바다는 우리 안에 있다. 주로 가족이나 친구의 인생이 뒤바뀔 만한 사건이 일어날 때, 때로는 비극적인 세상의 사건에 대응할 때 알게 되는 장소이다. 하지만 이 광대하고 무한하며 깊은 공간은 언제나 우리 안에 존재한다. 연민 어린 대응 연습을 실천하면 삶에서 벌어지는 큰 사건이 우리를 연민의 바다로 데려갈 때까지 기다리지 않아도 스스로 그 무한한 능력으로 가는 길을 열 수 있다. 그리고 그 힘을 이용해 자신을 위한 연민의 마음을 가꿀 수 있다. 또한 모든 부모에게 필요한, 가장 중요하고 이루기 힘든 변화를 이룰 수 있다. 우리가 세운 이상에 도달하지 못하는 수많은 육아 상황에서 스스로를 용서하는 힘을 얻게 되는 것이다. 우리가 최악의 상태일 때의 자기 자신을 받아들이고 용서하지 못한다면 어떻게 최고의 모습이 될 수 있겠는가?

단계 1 _ 퍼뜨리기

- 온전한 당신에게 초점을 맞춘다. 흐름 상태와 열병 상태의 두 이미지를 나란히 놓고 본다.
- 마음의 팔을 벌려 당신이 만든 흐름 상태의 이미지를 환영한다.
- 그 이미지를 가까이하되 가볍게 안는다.
- 가슴을 가득 채우는 편안함, 회복력, 균형감, 중심성의 누적된 따스함을 느낀다.
- 천천히 당신이 가족에게 느끼는 다정한 풍요로움이 당신에게 스며들게 한다. 그 기운이 위로 올라가 목과 머리, 하체로 흐르게 한다. 그렇게 함으로써 이 기운이 따스함과 빛 속에서 점점 자라난다.
- 마음의 팔로 빛을 안고 바깥으로 손을 뻗는다.
- 빛을 나눈다. 흘러가게 하고 커지고 빛나게 한다. 당신 주변에서 부드럽게 빛이 퍼지게 한다.
- 당신이 만들어 낸 평온하고, 안정적이고, 중심 잡힌 따스함을 온몸으로 느낀다.

단계 2 _ 통합하기

- 감정적 열병 상태의 이미지에 마음의 팔을 뻗는다.

- 아픈 아이를 대하듯 고군분투하는 자아를 사랑으로 안아서 가까이 끌어당긴다. 편안하다고 느낄 만큼만 끌어안는다.
- 열병을 앓는 아이를 돌볼 때처럼 열병을 앓는 자아를 본다. 관심을 가지고 고요히 바라본다.
- 가까이 끌어당길수록 당신이 오랫동안 지니고 있던 감정의 무게가 가벼워진다.
- 점점 더 가까이 끌어와 이미지를 당신 안에 있는 광대한 연민의 바다에 한 방울의 물로 놓는다.
- 조용히 그리고 천천히 자신에게 "나는 나를 용서합니다"라고 말한다.
- 무거웠던 것이 이제는 가볍다.
- 안절부절못했지만 이제는 고요하다.
- 방향을 잡지 못했지만 이제는 중심을 잡았다.

단계 3 _ 퍼뜨리고 통합하기

앞선 과정을 최소 2~3회 더 반복한다. 마음의 팔을 이용해 먼저 사랑스럽고 중심 잡힌 흐름 상태의 이미지를 내보내 빛나게 한다. 그런 다음 애쓰며 열병을 앓고 있는 자아를 당신 가까이 끌어당겨 연민 어린 자기용서로 감싼다.

단계 4 _ 통일하기

지금까지 해 온 것처럼 열병을 앓고 있는 이미지를 내면으로 옮기고, 동시에 흐름 상태의 이미지를 바깥으로 내보낸다. 가능하면 두 가지가 만나서 합쳐지게 한다. 처음에 잘되지 않아도 걱정할 필요 없다. 결코 쉬운 일이 아니다. 충분히 시간을 들여서 천천히 한다. 더 이상 분리되지 않는다.

> 어둠과 빛이 섞이고,
> 혼돈과 고요가 섞이며,
> 엄숙함은 경솔함과
> 열병은 흐름과 섞입니다.

이것이 통일된 당신의 모습이다.

> 나는 나입니다.
> 나는 하나입니다.
> 나는 존재합니다.

단계 5 _ 마무리

고요한 상태를 조금 더 유지한다. 당신이 만들어 낸 통일의 경험을 완전히 흡수할 공간을 마련한다. 내면에서 어떤 말이 떠오르는 걸 느끼면 준비가 되었을 때 그 말을 듣고 받아 적는다. 분노의 반응에서 벗어나기 위해 애쓰던 한 아버지는 "다정해야 강하고 강해야 다정하다"라는 말을 반복해서 되새겼다. 이런 종류의 짧은 글귀나 좌우명은 아이가 힘든 상황을 촉발할 때마다 사용할 수 있는 주문이다.

같은 맥락에서 어떤 이미지가 떠오르면 그것을 위한 공간을 마련한다. 오래전 내가 이 연습을 할 때 마지막 단계에서 아주 생생한 이미지가 떠올랐다. 굳건하고 오래된 뿌리 깊은 떡갈나무였다. 때는 여름이었고, 쭉 뻗은 가지에 달린 짙고 우거진 나뭇잎이 태양을 피할 시원한 그늘을 만들어 주었다. 그 이미지를 자세히 보니 나무에 밧줄이 매달려 있고, 내 아이들이 밧줄을 타고 이리저리 왔다 갔다 하며 놀고 있는 게 보였다. 나는 그 모습을 보며 미소 지었다. 그 후 마음속에서 좌절감의 붉은 안개가 뭉게뭉게 피어오를 때마다 나는 그 떡갈나무를 그려 보았다. 그 모습이 과열된 나를 차분하게 받아들이고 식힐 수 있는 사랑스러운 공간을 만들어 주었다. 내가 아이들이 와서 쉴 수 있는 나무 그늘이라는 사실을 기억하게 도와주었다.

이런 이미지와 말들은 결코 평범하지 않다. 그들은 내면 깊은 곳에서 나온다. 어떤 사람은 그것을 '하늘이 내려 준 것' 또는 '영혼의 양식'이라고 말하며, '신이 주신 선물'이라고 말하기도 한다. 나는 이런 표현들이 좋다.

이제 이 연습은 오로지 당신에게 달려 있다. 앞으로 살펴볼 장들은 당신이 아이와의 관계에서 달갑지 않은 행동-반응의 패턴으로 떨어질 것 같은 순간에, 이 연습을 제대로 실천하면 어떤 일이 벌어지는지에 관한 것이다. 이것이 이 연습의 가장 중요한 핵심이다. 아주 즐겁고 흥미진진할 것이다.

아이를 위한
연민 어린 대응 연습

이 연습을 어린이나 10대 자녀에게 적용시킬 수 있을까? 연민 어린 대응 연습을 아주 잠깐이라도 해 본 사람은 이것을 다른 수많은 인간관계에 적용할 수 있다는 걸 알게 된다. 특히 이 연습을 해 본 부모들은 제일 먼저 자신이 직면한 도전보다 자녀가 겪는 어려움으로 초점을 전환하고자 한다. 돌봄 전문가나 선생님도 자신이 책임지는 아이들에 대해 똑같은 생각을 한다.

본질적으로 과정은 동일하다. 다만 이때는 자기 자신이 아닌 아이를 대상으로 시각화를 진행한다. 먼저 흐름 상태에 있는 아이의 모습을 시각화하고, 다음에 열병 상태의 아이 모습을 그려 본다. 그런 다음 앞 장에서 배운 정신적 호흡법을 이용해 당신 가까이 이미지를 끌어와 감정적 열병을 앓고 있는 아이의 이미지를 통합하고, 이어서 빛으로 가득한 흐름 상태의 아이 이미지 속에서 확장하고 기쁨을 만끽한다.

이 과정은 아이를 온전하게 다루고 그들을 통합적으로 바라보는 좋은 방법이다. 특히 아이의 행동 증상에 과도하게 초점을 맞추거나 이를 병리화하지 않고 냉정하게 분석하지 않도록 도와준다. 아이에게 꼬리표를 붙이고 한계를 설정하는 대신 아이가 힘들어하는 점을 확인하고 알아가는 길을 열어 준다. 온전한 아이를 위한 이 연습에는 다음과 같은 세 가지 이로움이 있다.

1 아이를 이해하고 지원하게 된다. 아이의 경험을 직접 체험해 보는 시간을 가지면 좀 더 정확해지고 공감할 수 있게 된다. 좌절감을 일으키고 상황을 악화시킬 수 있는 판단이나 잘못된 추측을 하지 않게 된다.

2 자기 조절을 하게 된다. 가정이든 교실에서든, 보통은 같은 아이가 반복적으로 당신을 자극한다. 이 연습을 하면 아이의 도전적인 행동에 대응하는 방식이 차분해지고 중심을 잡게 되어 부정적이고 해묵은 행동-반응의 순환 고리를 끊을 수 있게 된다.

3 통합된다. 우리가 아이의 도전적인 행동에 말려들지 않기란 매우 힘들다. 그런 일이 반복되면 반감이 커지고 관점이 흐려지며 관련된 모두에게 파괴적이고 힘든 관계 습관이 만들어질 수 있다. 아이들은 '엄마/선생님은 그냥 나를 싫어해'라고 느끼고, 어른은 아이를 '문제아'로 본다. 이 연습을 하면 관점의 조리개가

확대되고, 아이가 힘들어하는 점을 이해하는 동시에 아이가 가진 아름다움을 볼 수 있게 된다.

부모는 물론이고 교육자라면 건강이 좋지 않거나 육체적으로 열병을 앓고 있는 아이를 돌보는 일이 다반사이다. 만약 어린아이라면 가까이 다가가 안아 주고, 나지막이 노래를 불러 주거나 조용히 곁에 앉아 있으면서 그들이 안전하다고 알려 줄 것이다. 감정적 열병을 앓는 아이에게도 똑같이 그렇게 대해 주는 게 직관적으로 보이는 이유는 아마도 우리의 그런 본능 때문일 것이다. 우리는 실제로 아이를 안고 있을 때가 있는가 하면, 눈에 보이지 않지만 강력한 마음의 팔로 아이를 끌어안을 때도 있다.

이 연습에서는 힘들어하는 아이에게 손을 뻗어 마음으로 아이를 가까이 끌어당긴다. 이 방식이 아픈 아이를 보호하는 것처럼 자연스럽게 느껴지려면 연습이 필요하다. 감정적으로 가까워지는 게 어렵게 느껴질 수 있기 때문이다. 특히 당신이 아이에 대해 반감이 강한 상태라면 더욱 그럴 수 있다. 어쩌면 당신은 지금까지 무의식적으로 문제를 팔 길이만큼 떨어뜨려 놓았을 수 있다. 좌절감을 다루는 전략이 전무했다면 충분히 이해가 가는 행동이다. 하지만 아이를 도와주기로 결심했다는 사실은 깊은 차원에서 당신이 가지고 있는 반감을 조금 더 가까이 끌어올 준비가 되었고, 그렇게 함으로써 관계의 부담을 덜 수 있음을 의미한다. 혹시 이 연습을 하면서 호흡 단계에서 과묵하게 있고 싶은 감정이 올라온다면, 자신을 부드럽게 대하면서 편안하다고 느낄 만큼만 열병 상태의 아이 이미지를 끌어온다. 시간이 지나면서 그 이미지를 조금씩 더 가까이 끌어와 환영할 수 있게 될 것이다. 당장은 적절하다고 느껴지는 정도까지만 한다.

시작하기 전에

이제는 익숙하게 느껴질 흐름과 열병 상태를 그리는 4단계 이미지를 이번 장에서도 다룬다. 앞서 이 연습을 할 때는 당신이 경험한 정신적 호흡을 당신의 필요에 맞춰 진행했다면, 이번에도 형식은 같지만 보다 아이를 염두에 두고 연습한다는 점에 유념하기 바란다. 여기서는 앞서 성인에게 맞춘 가이드를 그대로 적용하는 대신 온전히 아이에게 초점을 맞춰 연습할 수 있도록 단계를 수정하고 단어를 새롭게 썼다. 전반적으로 비슷한 틀과 용어를 사용했기에 반복적인 느낌이 들 수 있지만, 그렇게 여기지 말고 되새김과 보조적 상기 수단으로 이용하기 바란다. 일부 단락은 앞의 내용을 확인하기 위해 왔다 갔다 할 필요가 없도록 거의 변화를 주지 않았다. 본문에 조금 변화를 준 부분이 있고, 완전히 새로운 이야기와 지침을 첨가한 곳도 있다. 더불어 어른을 위한 연습이 아닌 온전히 아이에게 맞춘 방식으로 연민 어린 대응 연습을 시작하길 원하는 사람이 있을 수 있다는 점도 고려했다. 그런 사람은 여기에 제시된 정보를 빠짐없이 살펴보고 따라가면 된다. 앞 장에서 이 연습에 관해 몇 가지 내용을 읽었더라도 도움이 필요한 아이에게 적용한다는 맥락에서 다시 읽으면 도움이 된다. 조금 다르고 깊이 있는 관점을 얻게 됨은 물론 기타 여러 가지 이로움을 누릴 수 있을 것이다.

단계 1 _ 시간과 장소 정하기

먼저 10분~15분 정도 방해받지 않고 혼자 있을 수 있는 장소를 찾는다. 이것조차 힘들게 느껴질 수 있고 불가능해 보일 수 있지만, 그런 이유로 단념해서는 안 된다. 차를 몰고 어딘가를 갈 때, 정원을 가꿀 때, 버스정류장으로 걸어갈 때 등의 상황을 이용하면 효과적으로 연습할 수 있다. 얼마든지 자투리 시간을 명상 시간으로 활용할 수 있다.

단계 2 _ 마음속으로 준비하기

- **아이 선택하기**

이 단계에서는 연습의 대상이 될 아이를 선택한다. 부모라면 쉽게 선택할 수 있겠지만 교육자라면 조금 더 생각해 봐야 할 수 있다. 아이를 향한 반감을 바꾸고 싶은 마음에 당신을 자극하는 아이를 고를 수 있다. 반대로 난폭한 행동을 하지 않고 사회적으로 문제를 일으키지 않아서 평소에 그냥 지나치게 되는 조용한 아이를 선택할 수도 있다. 아니면 그저 당신이 잘 모르는 아이, 그래서 좀 더 이해하고 도와주고 싶은 아이를 고를 수도 있다.

● **징표와 글귀 활용하기**

연습 대상으로 선택한 아이를 상징하는 징표를 준비한다. 아이가 집이나 학교에서 그린 그림, 공작물 등을 징표로 사용할 수 있다. 아이의 영혼이 빛난다고 느껴지는 특별한 사진을 찍는 것도 한 가지 방법이다. 또는 아이가 놀러 갔을 때 주워 온 특이한 색깔의 조개껍데기나 조약돌을 모아 놓은 그릇 등도 징표로 사용하기에 좋다. 이런 징표를 잠시 응시하면서 아이라는 놀라운 존재에 대한 감각을 새롭게 한다. 그런 다음 당신이 좋아하는 시구나 특별한 구절 등을 읊조려 본다. 부록에 정리해 둔 글귀와 표현을 활용해도 좋다. 나는 애덤 비틀스톤의 〈중보의 기도〉를 좋아하는데, 거기에 나오는 단어를 특별히 가치 있게 여기기 때문이다. 이 기도문은 일반적인 기도문과 달리 자신이 바라는 바를 말하지 않는다. 대신 아이를 보호하는 영적 수호자에게 우리가 아이를 위해 희망하는 바를 기원하고 그것이 이루어지길 염원한다.

단계 3 _ 흐름 상태 시각화하기

아이가 최고의 상태라고 느꼈던 시기, 특별한 날, 특별한 순간을 떠올린다. 아이와 함께했던 시간을 돌이켜 보면 딱 하고 떠오르는 그런 순간 말이다. 흐름 상태에 있는 아이의 생생한 내면 모습을 그려 본다. 천천히 시간을 가지고 깊게 호흡하면서 이미지가 떠오르게 한다. 준비가 되면 그다음 순서로 넘어가 이어지는 과정을 조금 더 깊이 탐구한다.

● 아이의 몸

이 멋진 순간에 … 한 아이의 생생한 모습을 그려 본다.

얼굴 근육을 이완하고
눈과 어깨, 가슴을 부드럽게 하고
팔을 편안하게 두고
손을 부드럽게 두고
"아이는 아주 편안합니다."

● 아이의 에너지

이 멋진 순간에 … 한 에너지로 가득한 아이의 생생한 모습을 그려 본다.

활력이 넘쳐흐릅니다.
내면의 힘과 능력으로 삶이 요구하는 바를 수월하게 해 냅니다.
생명의 힘이 자라면서 더욱 강해집니다.
"아이는 회복하고 있습니다."

● **아이의 감정**

이 멋진 순간에 … 한 감정을 느끼는 아이의 생생한 모습을 그려 본다.

자신감에 차 있고
차분하며
즐거움을 추구하고
받아들이면서
"아이는 균형 잡혀 있습니다."

● **아이의 자아 감각**

이 멋진 순간에 … 로 존재하는 아이의 생생한 모습을 그려 본다.

아이는 자신을 향해 흘러오는 미래에 열려 있습니다.
조화를 이루고
신뢰하고 신뢰받으며
결단력 있고
권위가 있고
"아이는 중심이 잡혀 있습니다."

이제 당신이 만든 이미지에 부드럽게 집중한다. 그런 다음 그것을 한쪽으로 비켜 놓고 새로운 시각화가 일어날 공간을 마련한다.

단계 4 _ 열병 상태 시각화하기

아이가 정말 힘들어하며 애쓰던 시기, 특별한 날, 특별한 순간을 떠올린다. 돌이켜 보면 딱 하고 떠오르는 그런 순간 말이다. 상황이 힘들고 일이 잘 풀리지 않아서 감정적 열병을 앓고 있는 아이의 생생한 내면 모습을 그려 본다. 천천히 시간을 가지고 깊게 호흡하면서 이미지가 떠오르게 한다. 준비가 되면 그다음 순서로 넘어가 이어지는 과정을 조금 더 깊이 탐구한다.

- **아이의 몸**

열병을 앓는 순간에 … 한 아이의 생생한 모습을 그려 본다.

얼굴 근육이 긴장하고
눈이 좁아지고
어깨와 가슴이 굳어지고
팔이 뻣뻣해지고
손을 꽉 쥐고
다리를 모으고
발가락을 모아 수축하며
"아이는 긴장한 상태입니다."

● 아이의 에너지

열병을 앓는 순간에 … 한 에너지로 가득한 아이의 생생한 모습을 그려 본다.

활력이 떨어지고
지치고 무기력하며
경직되어 있고
들쭉날쭉 에너지 변화가 심하고
경련을 느끼고
넘칠 듯 몰아치는 삶의 부담에 아이의 내면의 힘은
함몰되어 있습니다.
생명력이 고갈되고
"아이는 압도되어 있습니다."

● 아이의 감정

열병을 앓는 순간에 … 한 감정을 느끼는 아이의 생생한 모습을 그려 본다.

뾰족하고 날카로우며
원기가 없고
좌절감과 분노를 느끼고
불안해하고

유머를 잃고

원망하면서

"아이는 감정적으로 고통스럽습니다."

● **아이의 자아 감각**

열병을 앓는 순간에 … 로 존재하는 아이의 생생한 모습을 그려 본다.

미래를 불안해하고

가족과 불화하고

걱정하고 불신하며

확신하지 못하고 결정하지 못하며

객관성이 결여되어 있고

상황을 매우 개인적으로 받아들이고

경직되고 뻣뻣하고 권위적이며

"아이는 방향을 잃었습니다."

단계 5 _ 온전한 아이 바라보기

앞서 해 봤듯 당신이 만든 이미지에 부드럽게 초점을 맞춘 다음 살짝 옆으로 비켜 두면, 흐름 상태와 열병 상태에 있는 아이의 두 가지 모습이 나란히 서 있는 걸 볼 수 있다. 이 두 가지 이미지가 균형을 이뤄 어는 하나가 우세하지 않도록 노력한다. 마음의 눈으로 하나의 그림에서 또 다른 그림을 본다. 빛과 어두움, 경솔함과 엄숙함, 흐름과 열병의 상태를 살펴본다. 이것이 바로 아이의 온전한 모습이다. 아이의 투쟁과 슬픔은 아이의 성공만큼이나 현실적이고 필요한 것이다. 시간을 가지고 천천히, 최선을 다해 침착한 상태로 두 가지 모두를 바라본다.

정신적 호흡 연습

수많은 자기계발 훈련이 호흡하기와 관련이 있고 의식적으로 호흡을 이용한다. 연민 어린 대응 연습에서 우리는 호흡을 이용하되 조금 다른 방식을 취할 것이다. 나는 이 방법을 '정신적 호흡법'이라고 부른다. 이 연습은 숨을 들이마시는 육체적 호흡에 초점을 맞추기보다 감정적 열병 상태를 시각화하고 그것을 당신 가까이 끌어당겨 내면에서 통합하는 일이다. 그런 다음 흐름 상태에 있는 당신의 이미지를 바깥으로 내보낼 것이다. 만약 이런 확장과 수축이 당신 호흡의 자연스러운 리듬과 맞아떨어진다면 그렇게 해도 괜찮지만, 시각화한 이미지를 애써 당신의 육체적 호흡과 일치하게 만들려고 스스로를 제한하지 않도록 한다.

이번 연습에서는 '마음의 팔'이라는 용어를 사용할 것이다. 멋지고 더 좋은 상태의 우리를 놓아주거나 열병을 앓고 있는 아이의 자아에 손을 뻗을 때 이 마음의 팔을 사용한다. '마음의 도약', '침울한 마음', '마음의 따스함' 등 마음을 형상화한 비슷한 부류의 용어들이 많다. 하지만 이렇게 특정 어구를 사용하는 것이 육체의 심장과 관련이 있다는 뜻은 아니다. 단지 조금 더 깊이 있게 자아를 표현하는 방식 정도로 보면 된다. 이는 삶에서 느끼는 감정을 수동적으로 받아들이지 않고, 우리 의도에 맞는 적극적인 조력자로 사용할 수 있게 하는 부드럽지만 강력한 이미지이다.

또한 '연민의 바다'라는 용어도 접하게 될 것이다. 연민의 바다는 우리 안에 있다. 주로 가족이나 친구의 인생이 뒤바뀔 만한 사건이 일어날 때, 만약 당신이 교육자라면 아이나 부모 또는 학교 동료에게 큰 일이 일어날 때 알게 되는 장소이다. 하지만 이 광대하고 무한하며 깊은 공간은 언제나 우리 안에 존재한다. 연민 어린 대응 연습을 실천하면 삶에서 벌어지는 큰 사건이 우리를 연민의 바다로 데려갈 때까지 기다리지 않아도 스스로 그 무한한 능력으로 가는 길을 열 수 있다. 그리고 그 힘을 이용해 아이를 향한 연민의 마음을 가꿀 수 있다. 이것이 모든 어른에게 필요한 변화를 이루어 준다. 바로 아이를 용서할 수 있게 되는 것이다.

단계 1 _ 퍼뜨리기

- 온전한 아이에게 초점을 맞춘다. 흐름 상태와 열병 상태의 아이 이미지를 나란히 놓고 본다.
- 마음의 팔을 벌려 당신이 만든 흐름 상태의 아이 이미지를 환영

한다.

- 그 이미지를 가까이하되 가볍게 안는다.
- 가슴을 가득 채우는 아이의 편안함, 회복력, 균형감, 중심성의 누적된 따스함을 느낀다.
- 천천히 당신이 아이에게 느끼는 다정한 풍요로움이 당신에게 스며들게 한다. 그 기운이 위로 올라가 목과 머리, 하체로 흐르게 한다. 그렇게 함으로써 이 기운이 따스함과 빛 속에서 점점 자라난다.
- 마음의 팔로 빛을 안고 바깥으로 손을 뻗는다.
- 빛을 나눈다. 흘러가게 하고 커지고 빛나게 한다. 당신 주변에서 부드럽게 빛이 퍼지게 한다.
- 당신이 만들어 낸 평온하고, 안정적이고, 중심 잡힌 따스함을 온몸으로 느낀다.

단계 2 _ 통합하기

- 감정적 열병을 앓고 있는 아이의 이미지에 마음의 팔을 뻗는다.
- 아픈 아이를 대하듯 고군분투하는 그 이미지를 사랑으로 안아서 가까이 끌어당긴다. 편안하다고 느낄 만큼만 끌어안는다.
- 감정적 열병을 앓는 아이를 내려다본다. 아끼는 마음으로 고요히 바라본다.

- 가까이 끌어당길수록 당신이 지니고 있던 감정의 무게가 가벼워진다.
- 점점 더 가까이 끌어와 이미지를 당신 안에 있는 광대한 연민의 바다에 한 방울의 물로 놓는다.
- 조용히 그리고 천천히 자신에게 "나는 용서합니다"라고 말한다.
- 무거웠던 것이 이제는 가볍다.
- 안절부절못했지만 이제는 고요하다.
- 방향을 잡지 못했지만 이제는 중심을 잡았다.

단계 3 _ 퍼뜨리고 통합하기

앞선 과정을 최소 2~3회 더 반복한다. 마음의 팔을 이용해 먼저 사랑스럽고 중심 잡힌 흐름 상태의 아이 이미지를 내보내 빛나게 한다. 그런 다음 애쓰며 열병을 앓고 있는 아이를 당신 가까이 끌어당겨 연민 어린 이해로 감싼다.

단계 4 _ 통일하기

지금까지 해 온 것처럼 열병을 앓고 있는 아이 이미지를 내면으로 옮기고, 동시에 흐름 상태의 아이 이미지를 바깥으로 내보낸다. 가능하면 두 가지가 만나서 합쳐지게 한다. 처음에 잘되지 않더라도 걱정할 필요 없다. 결코 쉬운 일이 아니다. 충분히 시간을 들여서 천천히 한다. 더 이상 분리되지 않는다.

> 어둠과 빛이 섞이고,
> 혼돈과 고요가 섞이며,
> 엄숙함은 경솔함과
> 열병은 흐름과 섞입니다.

이것이 통일되고 온전한 아이의 모습이다.

단계 5 _ 마무리

고요한 상태를 조금 더 유지한다. 당신이 만들어 낸 통일의 경험을 완전히 흡수할 공간을 마련한다. 내면에서 어떤 말이 떠오르는 걸 느끼면 준비가 되었을 때 그 말을 듣고 받아 적는다. 같은 맥락에서 어떤 이미지가 떠오르면 그것을 위한 공간을 마련한다. 이런 이미지와 말들은 결코 평범하지 않다. 그들은 내면 깊은 곳에서 나온다. 어떤 사람은 그것을 '하늘이 내려 준 것' 또는 '영혼의 양식'이라고 말하며, '신이 주신 선물'이라고 말하기도 한다. 나는 이런 표현들이 좋다.

이미지 공유하기

연습하는 중에 어떤 말이나 이미지가 떠오르면, 그것을 배우자나 친구 또는 동료와 나눠 보기 바란다. 꿈을 꾸면 그것이 무슨 의미인지 알아보려 노력하듯 떠오른 이미지가 의미하는 게 무엇인지에 관해 이야기해 본다. 이런 이미지와 말에 새겨진 메시지들은 잠이 아닌 우리 의식에서 비롯되는 만큼 꿈처럼 이해하기가 어렵지 않다. 또한 이런 메시지들은 우리가 아이들을 대할 때 최선의 방법이 무엇인지 알아내는 데 아주 강력하고 효과적인 정보이다. 만약 어떤 말이 떠오르면 그 말의 의미를 알아내려 노력해 보라. 나는 "너에게 태양의 따스함을 가져다줄게", "어제는 지나갔고 오늘은 새로우며 지금 우리는 여기에 있어", "너의 바다에 폭풍우가 몰아칠 때 내가 안전한 항구가 되어 줄게" 같은 표현을 좋아한다. 매일 아이를 맞이하고 함께 무언가를 하면서 이런 특별한 말들을 기억하려 노력해 보자.

나는 고등학교 교직원 동료들과 함께 연민 어린 대응 연습을 한 적이 있다. 그때 나는 명상할 대상으로 어릴 적부터 알아 온 16세 소녀 마사를 골랐다. 그녀는 형제자매가 많은 집에서 자랐다. 마사의 어머니는 미혼모였고 혼자 일해서 자녀들을 키우느라 경제적으로 윤택하지 못했다. 6남매 중 넷째였던 마사는 평소 많은 시간을 오빠들, 여동생, 친구들과 보냈다. 그러면서 오랫동안 나이에 적합하지 않은 것에 많이 노출되었는데, 나중에는 걱정스럽게도 레이브(rave, 젊은 청년들이 모여 크게 음악을 틀고 춤을 추며 향정신성 약물을 사용하는 파티)에 드나들기 시작했다.

마사가 정확히 어떤 약물에 손을 댔는지는 모르지만 점점 모습이 달라지기 시작했다. 마사는 평소 자신의 길고 부드러운 검은 머리카락을 잘 관리했는데, 언젠가부터 머리를 감지 않아 더럽고 엉겨 붙은 상태가 되었다. 또한 옷이 많지는 않았지만 잘 세탁해서 항상 예쁘게 차려입고 다녔는데 갈수록 복장에도 신경을 쓰지 않았다. 감정적인 면에서도 위태로움이 느껴졌다. 갑자기 버럭 하고 화를 내거나 지쳐서 책상에 머리를 대고 엎드려 있는 때가 많았다. 자연스럽게 성적도 나빠졌다. 상담교사이자 여자 농구부 코치였던 나에게 마사는 재능 많고, 경기 중에 규칙을 잘 따르고, 빠르고, 팀에 헌신하는 선수였다. 그런데 심신이 불안정해지면서 연습에 나오지 않는 날이 많아졌고, 경기 중에 상대 선수와 언쟁을 벌이기 시작했다.

당연히 선생님들은 마사를 걱정했다. 몇몇 선생님은 상당히 강하게 훈육하기도 했다. 그것이 감정적으로 연약해져서 부서지기 쉬운 상태였던 그녀의 상황을 더욱 악화시켰다. 나는 연민 어린 대응 연습의 대상을 마사로 정한 뒤 명상하면서 떠오른 선명한 이미지를 반드시 동료들과 공유해야겠다고 생각했다. 나와 동료 교직원들은 가끔씩 모여서 마사에 관한 서로의 생각을 나누었는데, 그때마다 관심을 가지고 서로의 이야기를 경청했다. 모두가 사랑스러운 그녀를 보살피고 도와줄 수 있는 통찰력을 원했기 때문이다. 당시 연민 어린 대응 연습을 하며 내가 본 이미지는 넘실거리는 파도처럼 흔들리는 풀밭 위로 자유롭게 뛰어다니는 2살 정도 된 암망아지였다. 몸을 뻗어 더 빨리 달려가려 하는 망아지 뒤로 갈기와 꼬리가 춤을 추듯 날렸다. 마사에게 그런 면이 있다는 걸 알고 있었기 때문에 나는 기쁨이 가득한 마음의 눈으로 그녀를 지켜보았다. 그런데 내 앞에 그려지던 이미지가 일순간 변하기 시작했다. 나는 더 높은 시점으로 옮겨 가며 어린 망아지를 계속해서 따라다녔다. 곧 전체가 훤히 내려다보이는 위치까지 빠르게 이동했는데, 알고 보니 망아지가 뛰어다니는 들판은 바다로 이어진 절벽에 접해 있었다. 어린 망아지는 절벽 가까이서 달리고 있었고, 낭떠러지 아래에는 파도가 세차게 절벽을 때리며 물거품을 일으키고 있었다. 한 발자국만 헛디뎌도 낭떠러지 아래로 떨어질 듯한 아슬아슬한 형국이었다.

이 끔찍한 이미지를 동료 교직원들과 공유하자 다들 잠시 조용해졌다. 처음으로 말을 꺼낸 사람은 겉보기에 퉁명스럽지만 알고 보면 다정한 과학 선생님이었다. 어린 시절 승마를 해 본 경험이 있던 그 선생님은 고상하지만 솔직한 말투로 이렇게 말했다. "마사가 겁먹지 않게 엄청 신경 써야겠어요. 고삐를 조금 살살 쥐자고요. 저렇게 가다가는 곧 무너질 거예요." 메시지는 분명했다. 마사가 낭떠러지 가까이 다가가고 있었고, 우리는 아이가 완전히 소진되기 전에 방향을 바꾸고 속도를 늦추도록 도와주어야 했다.

이후 몇 달 동안 우리는 마사에게 더 많은 공간을 주기 위해 할 수 있는 모든 노력을 기울였다. 선생님들은 과제나 성적에 대한 기대치를 바꾸고, 그녀의 노력을 표나지 않게 은근히 칭찬해 주었다. "아이가 겁먹지 않게" 하자는 동료의 조언은 우리의 행동을 일깨워 주면서도 한편으로는 이 표현을 자유롭게 해석할 여지를 주었다. 무엇보다 중요한 건 학업이나 행동에 관해 주의를 주기보다 마사가 겪고 있는 진짜 문제를 우리 스스로 인식하는 법을 찾았다는 점이다. 이로써 더 깊은 차원에서 그녀에게 접근하는 게 가능해졌다. 나는 동료들이 정말 자랑스러웠다.

마사는 더 이상의 무모한 모험 없이 12학년을 무사히 마치고 대학교에 진학했다. 지금은 널리 인정받는 유치원 선생님이 되었다. 그녀가 겪은 극심한 방황, 그리고 이후에 받았던 지원과 지지가 오늘날 그녀가 공감할 줄 아는 재능 있는 교육자가 되는 데 분명 큰 도움이 되었다고 생각한다.

교육자와 돌봄 전문가를 위한 조언

많은 교직원과 돌봄 전문가 팀이 주 단위로 연민 어린 대응 연습을 실천하고 있다. 이들은 각자 맡을 학생이나 의뢰인을 선정하되, 그룹 내에서 같은 아이를 선택하지 않는다. 이렇게 해서 매주 많은 아이를 특별 보호 대상으로 삼는다.

과정은 간단하다. 팀 구성원 중 한 사람이 이번 장에 나온 지침을 큰 소리로 천천히 다른 사람들에게 읽어 준다. 전체 과정을 마치는 데 5~10분 정도밖에 걸리지 않는 짧은 연습이지만, 특별히 도움이 필요한 아이나 10대 학생 그리고 의뢰인과의 관계가 눈에 띄게 발전하는 효과를 볼 수 있다.

연습하는 동안 어떤 단어나 이미지가 떠오르면 구성원들과 공유한다. 시간이 있다면 다 함께 그것이 의미하는 바에 대해 간단히 이야기 나누고, 앞으로 문제 학생이나 의뢰인을 대할 때 어떤 식의 변화를 줄지 의논한다. 그런 다음 다가오는 주에 공유한 이미지와 단어 들의 의미를 실제로 적용해 본다. 교직원이나 돌봄 전문가 팀의 구성원들은 아이와 접촉할 때마다 연민 어린 대응 연습을 실천하면서 인상 깊은 말이나 이미지를 심어 주기 위해 노력해야 한다. 그리고 작든 크든, 아이들과 함께할 때 일어날 수 있는 변화에 항상 열려 있어야 한다. 만약 구성원들이 정기적으로 만난다면 각자 맡은 아이의 상태를 점검하면서 그동안 어떤 변화가 있었는지, 새롭게 알게 된 사실이 무엇인지 공유하는 시간을 갖는다.

변화

우리가 균형 잡힌 상태일 때
삶이 어떻게 달라질까?

3부에서는 연민 어린 대응 연습이 가져다주는 삶의 변화를 살펴본다.
다음과 같은 내용이다.

- 단순하지만 깊이 있는 변화 이야기
- 문제의 순간 차분하게 상호작용하면서 중심을 잡는 법
- 아이의 말과 행동이 아닌 의도를 정확하게 파악하는 법
- 감정적 대응 범위를 넓히고 완전히 새롭게 하는 법
  아주 온화한 대응부터 확고하고 분명한 대응까지, 선택은 당신 몫이다
- 관계를 회복하는 법을 아는 데서 시작되는 치유

자기 자신, 아이,
가족과 연결된다

약속하는데 이번 장은 재미있을 것이다. 우리 가족을 향해 태풍이 몰아쳐도 방향을 잃지 않고 차분할 수 있는 전략을 연습할 때 열리는 새로운 가능성을 모색할 것이기 때문이다. 우리는 저마다 아이와 함께하는 나름의 방식을 가지고 있다. 대부분 좋고 효과가 있다. 그렇지 않았다면 지금까지 가족이 유지되지 못했을 것이다. 그런데 우리 생각보다 훨씬 더 넓고 효과적인 수단이 있고, 우리가 그것을 이용할 수 있다는 걸 알게 된다면 해방감이 느껴질 것이다. 이번 장에서 바로 그 해방감을 맛보게 될 것이다. 이 작업은 커다랗고 멋진 빨간색 도구상자가 든 바퀴 달린 보관함을 우리 자신에게 선물하는 것과 같다. 당신은 힘들일 필요 없이 그것을 당신의 작업 장소로 가져갈 수 있다. 이 보관함은 마음의 효율성이 우아하게 갖춰져 있다. 제일 위에는 가볍고 미세한 도구를 넣어 둘 몇 개의 작은 서랍이 있고, 그 아래에는 중간 크기의 도구함이, 맨 아래에는 무거운 도구를 넣어 둘 깊은 서랍이 있다. 평소에 이 도구들을 사용하는 일은 드물 것이다. 하지만 배수관이 터져서 사방팔방으로 물이 뿜어져 나올 때, 다용도 조임쇠와 조정식 스패너를 가지고 있다면 당황하지 않고 피해를 최소화하면서 다시 물이 정상적으로 흐르게 할 수 있다. 이제 당신이 수집한 몇 가지 도구들을 살펴보자.

몸이 보내는 신호를 감지한다

몸은 항상 우리와 감정적으로 소통하고 있다. 단지 우리가 충분히 듣지 않을 뿐이다. 아마도 우리는 "괜찮아", "이건 불편한걸?"처럼 메시지의 전반부만 들을 것이다. 하루에도 몇 번씩 똑같은 메시지가 오기 때문이다. 우리는 좋은 경험은 더 누리려 하고, 반대로 기분 나쁜 경험은 방향을 바꾸려고 한다. 이는 지극히 본능적이고 원시적인 생존 반응이다.

몸이 받는 자극에 강하고 민감하게 반응하는 아이도 이와 유사한 방식으로 행동한다. 먼저 촉감에 대해 말하자면, 아이들은 손에 잡히는 모든 것을 샅샅이 탐색한다. 그리고 10대가 되면 많은 신체적 변화를 겪는다. 우리는 아이가 유아일 때 더럽건 유해하건 가리지 않고 손에 잡히는 대로 입에 집어넣으려는 걸 막고, 10대가 되면 반대로 입에서 나오는 것들을 걸러 내도록 한다. 아이들이 겪는 별의별 종류의 변화를 돕고 지원하는 것이다. 그러나 10대든 어린아이든 자녀가 보내는 메시지는 똑같다. "커서 세상에 나가 잘 살 수 있게 도와주세요"이다. 아이들의 행동이 보내는 신호를 감지할 수 있으면 그들의 눈물이나 좌절감의 이유를 알 수 있다. 아이들은 어리기 때문에 몸이 보내는 메시지의 첫 부분에만 귀를 기울이는 경향이 있다. 반면 성인인 우리는 좀 더 객관적이고 깊이 천착하는 성향을 키우도록 스스로를 훈련할 수 있다. 연민 어린 대응 연습은 우리가 타고난 직관을 의식적인 알아차림으로 확장해 몸이 보내는 메시지 전체를 들을 수 있게 도와준다. 특히 갈등 상황으로 치달을 때 이런 성향이 필요하다.

아이와의 관계가 틀어지는 바로 그 순간, 익숙한 긴장감이 당신 몸속으로 스며들 때를 알아차리는 간단한 행위 또는 발코니에서 바라보는 행위만으로도 반사적이고 전혀 도움이 되지 않는 반응에 얽매일 가능성이 훨씬 낮아진다. 의사소통의 70퍼센트 이상이 비언어적 요소로 이루어진다. 우리가 말을 입 밖으로 내뱉기도 전에 내면에서 먼저 상처를 주거나 비난하는 말이 만들어진다는 걸 의식하면 몸이 우리에게 하는 말을 더 잘 들을 수 있다.

몸짓과 표정이 부드러워진다

우리는 몸짓과 표정을 이용해 말로 표현되지 않는 수많은 감정을 아이와 소통한다. 아이가 동요하고 취약한 상태일 때 특히 더 그런데, 이때 아이들은 자신을 감싸고 있던 보호막이 사라져 버린 것 같은 상태이다. 한 어머니가 이렇게 말했다. "3살 난 제 딸은 뭔가 괜찮지 않은 일을 하면 제가 어떻게 할지 눈치를 봐요. 제가 화가 난 것 같다 싶으면 잽싸게 도망치죠. 그런데 제가 화를 내지 않으면 주변을 맴돌면서 왠지 조금 후회하는 듯한 모습을 보여요." 우리가 좌절감을 통제하고 중심을 잘 잡으면 자세가 완전히 바뀐다. 경직되지 않고 꼿꼿해진다. 어느샌가 자세가 다듬어지고 편안해진다. 말하자면 이런 자세가 된다.

- 무릎을 끌어안거나 뒤로 밀치지 않고 중립적인 감정 상태로 움직인다.
- 손을 꽉 쥐거나 팔짱을 끼지 않고 편안하게 옆에 내려놓는다.
- 어깨가 올라가거나 움츠러들지 않고 이완되어 펴진다.
- 목이 쪼그라들거나 짧아지지 않고 약간 길어진다.

얼굴도 비슷한 영향을 받는다. 미소를 짓는다는 의미가 아니다. 방금 아이가 뭔가 힘들고 도전적인 일을 행동으로 옮기거나 말했을 수 있지만, 우리 눈은 바깥쪽 가장자리가 살짝 늘어지면서 부드럽게 확장된다. 아이에게 꽂히듯 날카로운 눈빛을 쏘기보다 주변부를 응시한다. 눈썹과 눈 주변 전체가 부드럽고 따뜻해진다. 마치 눈이 "나는 너를 사랑하지만 그런 행동은 바람직하지 않아"라고 말하는 것 같다.

극단적인 태도에서 벗어난다

티베트의 고승 달라이 라마는 다음과 같은 유명한 말을 했다. "가능하면 친절하세요. 언제든 가능합니다." 이 말을 되새길 때마다 나는 달라이 라마의 지혜와 유머 감각에 탄복한다. 친절함을 산에 비유해 보자. 정상에 오르는 길이 많을 것이다. 굽이진 숲길을 따라 걷는 사람이 있는가 하면, 바위가 많고 가파르지만 정상으로 곧장 이어지는 직선적인 길을 택하는 사람도 있을 것이다. 가족에 대한 우리의 감정적 대응도 마찬가지다. 아이 때문에 느끼는 좌절감을 흡수해야 할 때가 있고, 아끼는 마음으로 온화하게 존재하는 것만으로도 충분할 때가 있다. 또 어떨 때는 선을 넘었다는 걸 확실하고 단호하게 표현해야 할 필요도 있다. 이런 양극단 사이에 모든 것이 존재한다.

연민 어린 대응 연습을 이용하면 반응을 미세하게 조정하는 능력이 개선된다. 당신의 도구상자에 쓸 만한 도구가 없었던 건 아니지만, 이제 필요할 때마다 새로운 도구를 자신감 있게 사용할 수 있다. 9살 아들을 대하는 과정에서 진퇴양난에 빠진 한 아버지가 내게 이메일을 보내왔다. "저는 화를 내거나 무관심한 전형적인 흑인 아빠가 되지 않겠다고 결심했어요. 제가 성질이 좀 있는데요. 그게 저한테 전혀 도움이 되지 않았죠. 그래서 아들만큼은 수치심과 두려움 속에 자라지 않게 하겠다고 나 자신과 약속했습니다. 아이가 사랑 많고 사려 깊은 사람으로 자라길 원했거든요. 비록 아이의 여러 가지 나쁜 행동을 참고 삭여야 했지만, 단 한 번도 소리 지르지 않았어요. 그 정도면 나쁘지 않다고 생각했죠. 그런데 아내가 불만을 말하더군요. 제가 항상 져주기만 하니까 본인만 나쁜 역할을 맡는다고요. 그러면서 아이 응석이 점점 더 심해지지 않을까 걱정했어요. 맞아요. 아이 행동이 좋지 않다는 건 인정합니다. 뭐든 다 가지려고 떼를 쓰고 저에게 버릇없이 구는 걸 보면 사실 좀 혼란스러워요. 잘해 주려고 무던히 애썼는데 계획대로 되지 않은 것 같아요. 어떻게 해야 좋을까요?"

그 후 몇 주 동안 우리는 아이의 행동을 참고 봐주는 부모의 태도가 만들어 내는 영향에 대해 살펴보았다. 가끔 그는 아들 때문에 속상한 마음을 아내에게 표출했고, 그러다 보니 부부가 화를 내며 다투는 횟수가 늘었다고 말했다. 또 아이가 학교에서 친구는 물론 몇몇 선생님과의 관계에 어려움을 겪고 있다고 말했다. 계속해서 대화를 나누던 중 "아이에게 절대로 소리 지르지 않겠다고 한 약속 때문에 미칠 지경이에요. 가끔은 간단명료하게 이야기해 줘야 할 때가 있는데 말이죠!" 하고 불쑥 그가 속에 있는 불만을 토로할 때 결정적인 순간이 찾아왔다. 우리는 파괴적인 분노와 건설적인 격렬함의 차이에 대해 이야기했다. "알겠어요. 그런데 그 둘의 차이를 잊지 않으려면 어떻게 해야 할까요? 자칫 볼썽사나워질까 걱정이에요."

많은 부모가 비슷한 딜레마에 빠진다. 그들은 아이가 대들 때 어떤 방식으로든 반응하면 끝에 가서는 결국 후회할 일을 하게 될 거라는 걱정을 품고 있다. 그래서 수동적이고 주저하는 경향이 있다. 아이를 때리거나 통제 불능 상태에서 위협적으로 소리 지르게 될까 봐 두려워하는 것이다. 그 밖에도 비아냥거리며 무시하거나 거부하는 식의 미묘하고 파괴적인 행동을 우려해 뒤로 물러나 버린다.

연민 어린 대응 연습을 하면 부정이나 죄책감에 휩싸여 얼어붙기보다 두려움을 현실로 받아들이고 적절하게 대응할 수 있다. 뿐만 아니라 두려움을 통합함으로써 부드러움이 필요할 때 부드러워질 수 있고 단호함이 필요할 때 강단을 보일 수 있게 된다.

앞서 언급한 아빠는 어땠을까? 그는 자신을 힘들게 하는 상황에서 벗어날 방법이 있다는 말에 무척 고무되었다. "효과가 있을 것 같아서 진지하게 연습했어요. 매일 아침 바쁘게 문을 박차고 출근해야 하지만, 그 전에 1~2분 정도 연습했죠. 밤에 잠자리에 들기 전에도 연습했어요. 제가 내내 품고 있던 분노가 어떤 것인지 볼 수 있어서 정말 놀라웠어요. 처음 연습을 시작할 때 화내지 않고 긍정적인 사람이 되는 걸 목표로 삼았는데, 결과적으로 잘 됐습니다. 확고해지기까지 얼마간의의 시간이 더 걸렸지만 좋은 의미로 아이가 그것을 받아들였고 진정됐어요. 정말 기뻤습니다. 커튼을 열어젖히고 아빠로서 제 모습을 완전히 다른 방식으로 보는 것 같았어요." 더불어 그는 이런 변화 속에서 예상치 못한 멋진 보너스를 받았다. "놀라운 건 아들이 저를 대하는 태도가 달라졌다는 거예요. 어찌 보면 그다지 대단치 않은, 평범해 보이는 일이었죠. 아이가 모욕적이거나 자극적인 말을 하지 않고 아주 평범하게 말하기 시작했어요. 나를 보호하던 갑옷을 벗어 던지니 아이도 그렇게 할 수 있었던 거예요. 아내는 제가 좋은 아빠라고 말해 줬어요. 그걸 글로 써줄 수 있겠냐고 물었는데… 둘 다 한껏 웃었죠. 저는 여전히 그 쪽지를 기다리고 있어요."

감정의 근육 기억이 발달한다

살면서 마주치게 되는 여러 상황에 대비해 우리는 먼저 연습을 한다. 음악회에서 연주하거나 연극에서 어떤 역할을 맡아 연기를 하기 전에 자신감 있게 할 수 있다고 느낄 때까지 연습한다. 운전면허 시험을 보기 전에 교육을 받고 평행 주차 같은 어려운 기술을 연습한다. 만약 우리가 운동선수라면 정기적으로 훈련을 하고 때로는 강도 높은 훈련을 받기도 한다. 이러한 연습의 목적 중 하나는 감정의 근육 기억을 발달시키는 데 있다. 어떤 상황이 발생할 때 우리는 감정의 근육 기억을 이용해 자동적으로 적절하게 대응할 수 있다. 게임을 하건 운전을 하건 그 어떤 상황에서도 가능하다. 다만 이런 기술을 습득하려면 반복해서 연습하고 또 연습해야 한다.

많은 사람이 인간관계, 특히 육아라는 특별한 영역에서 연습이 필요하다는 사실을 간과한다. 하지만 당신은 그래서는 안 된다. 1부에서 우리는 무엇이 부모를 자극하고 자녀와의 관계에서 탈선하게 만드는지 알아보았다. 2부에서는 연민 어린 대응 연습을 함께했고, 이를 통해 아이로 인해 발생하는 피할 수 없는 도전에 대비할 수 있다는 사실을 알게 되었다. 당신이 연민 어린 대응 연습을 거듭할수록 아이가 방향을 잃을 때 굳건하고 만족스러운 상태를 더 잘 유지할 수 있게 된다. 가장 고무적인 일은 당신의 행동이 점점 더 이론이 아닌 마음에서 우러나올 거라는 점이다. 매일 잠깐씩이라도 꾸준히 연습하면, 시간이 지남에 따라 중심을 잡는 당신의 능력에 신뢰가 쌓일 것이다. 그로 인해 가정생활을 당신만의 방식으로 이끌어 갈 수 있다는 자신감이 생겨날 것이다.

매 순간을 연결의 기회로 삼는다

자녀와 항구적으로, 진정으로 연결되려면 먼저 상호작용의 토대가 형성되어야 한다. "작은 일에 목숨 걸지 말라"라고 말하는 사람이 있지만, 매일 소소하게 벌어지는 좋은 일과 힘든 일의 상호작용이야말로 가정생활의 전부라고 해도 과언이 아니다. 육아 중에 자신이 폭발하게 되는 지점을 알아 두고, 자신이 겪는 좌절감을 통합하고 흡수하는 방법을 배워 두면 힘든 일보다 건강하고 즐거운 상황을 더 많이 마주하게 된다.

언젠가 한 워크숍에서 금융업에 종사하는 아버지가 자신의 육아 방식을 들려주며 모두를 한바탕 크게 웃긴 적이 있다. 그는 아이와 연결되기 위해 하는 우리의 모든 작은 활동을 투자의 한 형태로 본다고 말했다. 다시 말해 오늘 우리가 하는 모든 일이 미래에 아이와 긴장 상태에 돌입하거나 그들에게 개입하고 제한을 둬야 할 때 결정적인 역할을 한다는 것이다. 마치 형편이 어려울 때 미리 저축해 둔 돈을 꺼내 쓰듯 말이다. 좋은 소식은 저축하는 방법이 다양하다는 것이다. 예를 들어 비가 오고 추운 날 아이의 축구 시합을 지켜보며 응원해 주고, 시합이 끝난 다음에는 아이가 좋아하는 피자집에 데려가 몸을 녹이면서 그날 경기에 대해 편안하게 이야기 나누는 것처럼 실용적인 방법이 있다. 감정과 관련된 문제도 저축하듯 포인트를 쌓아 두면 시간이 지나 수익

성 좋은 투자가 된다. 갈등의 순간, 아이에게 소리 지를 때마다 우리는 돈을 지불하는 셈이다. 반대로 우리가 중심을 잡고 감정적으로 안정되어 있다면 통장에 돈이 쌓인다. 아이들은 삶을 다루는 법을 배울 때 기본적으로 어른의 한계를 시험하는 행동을 한다. 그래서 아이가 자라는 동안 부모는 이러한 관계성 투자 기회를 많이 얻는다. 워크숍에 참석한 사람들은 육아를 하며 건강하게 균형을 유지할 수 있는 또 하나의 방법을 알게 된 데 기뻐하며 그날의 대화를 마쳤다.

감정과 표현이 일치한다

아이들은 우리가 거짓말할 때와 진실을 말할 때를 귀신같이 구별한다. 어떻게 그러는지 몰라도, 아이들은 우리 안에서 벌어지는 일을 감지하고 겉으로 드러나는 우리의 말과 행동을 거기에 맞춰본다. 만약 두 가지가 일치하면 아이는 우리가 진실을 말한다고 여기고, 그렇지 않으면 거짓말한다고 여긴다. 아이가 보기에 우리 내면의 생각과 바깥으로 하는 행동이 맞지 않고 어긋나면, 그들에게 우리는 '이상한' 내지 심지어 '소름 끼치게 싫은' 사람이 된다. 이런 표현들이 학문적으로 엄밀하거나 기술적으로 정확한 용어는 아니지만 상황을 파악하는 데 상당히 유용한 것만은 틀림없다.

가정생활에 어려움을 겪었던 한 아버지가 이렇게 말했다. "저는 솔직한 사람입니다. 아이가 버릇없이 굴면 화가 나요. 소리 지르지 않고는 배길 수 없죠. 그러고 나면 금방 상황이 정리됩니다. 적어도 아이들이 지금 무엇을 어떻게 해야 하는지 알거든요." 나는 이렇게 말했다. "솔직한 건 좋은 거죠. 하지만 차분하게 아이들을 도와줄 수 있는 아빠가 되는 게 더 낫지 않을까요?" 우리는 그것에 관해 잠시 이야기를 나눴고, 그 후 그는 이렇게 말했다. "제가 침착함을 유지할 줄 안다면 참아야 할 일이 없겠죠? 아이들도 그런 제 태도를 좋아할 테고요."

언젠가 농구 시합을 끝낸 후 14살과 15살 여자아이들을 태운 승합차를 몰고 돌아왔던 적이 있다. 아이들은 '조용한 비명'이라는 게임을 하고 있었다. 특정 선생님이나 부모를 골라 흉내 내는 일종의 역할극이었다. 선생님이나 부모 역할을 맡은 아이가 감정을 한껏 억누르며 이렇게 말한다. "사라, 좀 실망스럽구나?" 그러면 상대방 아이가 그 어른의 속마음은 실은 그게 아니라는 걸 안다는 듯 목청껏 이렇게 외친다. "네가 그렇게 구는 게 정말 싫어, 이 바보 같은 것아!" 차에 탄 아이들이 자지러지듯 웃어 젖혔다. 정말이지 재미있는 역할극이라고 인정하지 않을 수 없었다. 다 웃고 정신을 차린 후에 아이들은, 이번에는 다른 어른을 골라 또 한 번 역할극을 펼쳤고 차 안은 또다시 웃음으로 들썩였다.

10대 아이들이 어른을 관찰하고 뭔가 웃음거리를 만들 능력이 있다는 건 좋은 일이다. 차 안에서의 게임이 재미있었던 건 그 상황이 진실에 가까웠기 때문이다. 그러나 10대가 아닌 어린아이들에게는 그런 능력이 없다. 어린아이들은 말과 실제 감정이 일치하지 않는 어른과 함께 있으면 불안해한다. 그리고 어린아이일수록 어른의 내면에서 벌어지는 상황을 더욱 날카롭게 감지한다. 이는 그들에게 사람의 내면을 들여다보고 반응을 감지하는 육감이 있다는 말이다. 어린아이 뇌 발달 연구에 의하면, 아이는 어른의 내면을 감지할 수 있을 뿐 아니라 그것을 자기 내면에서 다시 체험한다. 그 자체는 자연스럽고 건강한 일이다. 하지만 어른이 느끼는 분노가 내적으로 아주 생생하며 진짜인데 반해 외적으로는 아무 문제가 없다는 듯한 인상을 주면 아이는 그런 감정을 내적으로 경험하며 큰 혼란을 겪는다. 결국에는 어른을 믿지 못하거나 자신이 인지한 것을 믿을 수 없다는 메시지를 받게 된다. 어린아이는 초기에 뇌를 발달시키며 '믿어도 될까?'와 '안전할까?'라는 질문을 반복해서 던진다. 따라서 우리가 실제로 느끼는 것과 말하는 것이 일치하지 않으면 아이와의 관계가 심각하게 손상되거나 어른과 유대를 맺는 아이의 능력이 약화될 수 있다.

그렇다면 좌절감을 다스리고 정상적으로 말하려고 최선을 다하지만, 무의식적으로 경고 벨을 울릴 때가 있는 아빠를 둔 아이는 어떻게 할까? 자연 세계에 서식하는 동물을 면밀히 관찰해 보면 답을 알 수 있다. 예를 들어 어린 고릴라는 위협을 감지하면 몸을 곧추세우고 똑바로 서서 귀와 눈을 열고 유심히 위험을 살핀다. 만약 위험이 계속되면 동족들이 모여 있는 곳으로 도망치거나, 싸울 준비를 하거나, 그 모든 계획에 실패하면 최대한 몸을 작게 움츠리고 조용히 숨는다. 불안감이 엄습할 때 아이들도 이와 비슷한 과정을 경험한다. 먼저 아이의 신경 체계가 삼엄한 경계 상태에 돌입하고 불안해하는 가운데 가능한 한 많은 정보를 받아들이려고 노력한다. 그런 다음 도전적인 행동으로 우리에게 메시지를 보낸다. 그래도 혼란이 사그라지지 않으면 우리에게서 멀어져 내면으로 침잠한다.

이는 상당히 의미심장한 동시에 우울한 상황일 수 있다. 하지만 그렇게 되지 않을 수도 있다. 얼마든지 반대의 결과가 나올 수 있다. 연민 어린 대응 연습을 하면 당신이 가지고 있는 수많은 내면의 문제, 아이에게 경고 벨을 울릴 수 있는 문제를 해결할 간단하고도 확실한 방법을 얻을 수 있다. 이 연습을 일상의 습관으로 만들면, 당신을 시험하는 상황이 발생할 때 스멀스멀 올라오는 붉은 안개를 억제하기 위해 힘을 빼지 않아도 된다. 대신 어려움을 인정하고 그것을 자세히 알아보려고 노력하게 된다. 그리고 마음을 열어 과거라면 화를 냈을 아이의 행동과 관계의 여러 국면을 완전히 이해하려 애쓰게 된다. 이것이 연민 어린 대응 연습을 배워 나가는 과정이다. 이는 당신의 내면세계와 외적 반응이 조금씩 일치해 가고, 아이가 그런 변화를 감지하면서 관계가 점점 더 안정되어 당신과 연결되었다고 느끼게 된다는 걸 의미한다. 중요한 것은 아이가 당신과 당신의 감정을 읽는 자신만의 방법을 믿을 수 있게 된다는 점이다. 당신의 말과 행동을 보고 들으면서 자신이 옳았고, 자신의 세계가 견고하다는 사실을 확인할 것이기 때문이다.

선한 감정을 위한 공간을 만든다

우리는 종종 그다지 좋지 않고 도움도 되지 않는 것들이 우리 내면에서 넓은 자리를 차지하도록 내버려 둔다. 그로 인해 보살피고 조용히 성공하는 우리의 다른 측면들이 작은 문 하나만 가진 채 감정적 자아 안에서 유리된 공동체가 된다. 그 결과 부정적인 자아 이미지가 우리의 반응을 지배하게 되어 방어적이고 공격적인 부모가 되어 버린다. 심지어 파괴적인 행동을 정당화하고 변명을 하며 난폭해지기도 한다. 지금부터 이런 역학의 사례를 살펴볼 것이다. 여기에는 약간이지만 연민 어린 대응 연습의 역사가 포함되어 있다.

막 상담사로서 일하기 시작했을 때, 나는 가정 폭력의 가해자인 아버지들을 도울 방법을 찾고자 무진 애를 썼다. 그들은 다양한 종류의 분노 조절 수업을 들었지만, 수업을 들을 때는 관리가 잘 되는 듯싶다가도 현실의 가정으로 돌아가면 다시 자극을 받고 폭발해 감정적으로나 육체적으로 폭력적인 행동을 되풀이했다. 그들의 이야기를 주의 깊게 듣다 보니 두 가지 두드러지는 패턴이 반복적으로 나타난다는 걸 알 수 있었다. 첫째, 그들은 고정된 관점에서 가족을 바라보았다. 가령 "큰아들하고는 아무런 문제가 없어요. 좋은 아이거든요. 그런데 딸은 항상 반항적이고 대들어요"라고 말한다든가 "아내는 참 고약해요. 내가 하는 일은 무엇이건 다 비난해요!"라는 식으로 이야기했다. 가족을 바라보는 시선이 경직되어 있을수록 문제가 더 심각했다. 둘째, 거의 모든 사람이 자신의 행동과 자신이 다른 사람에게 준 상처를 깊이 슬퍼하며 죄책감을 느끼고 있었다. 또한 자신의 감정을 무시하거나 부정하는 경향이 있었고 수치심을 받아들이기 힘들어했다. 당연히 그들은 자신의 이런 감정을 말하기 꺼렸다. "그래요. 나는 나쁜 사람입니다. 그게 전부예요. 더는 할 말이 없어요"라는 식이었다. 이 문제를 극복하기까지 시간이 좀 걸렸지만, 내가 그들의 긍정적 성품에 대해 말하며 대화의 방향을 틀자 변화가 일어나기 시작했다.

처음에 그들에게 자녀와 아내를 위해 했던 일 중 잘했다고 생각하는 걸 말해 보라고 하자 모두 놀라는 눈치였다. 아버지나 남편으로서 자신의 긍정적인 면 하나를 떠올리는 것조차 힘들어하는 사람이 있었다. 무언가를 찾아내더라도 "그게 뭐 대단한 일은 아니잖아요" 하고 말하곤 했다. 그들이 가진 긍정적 성품은 훌륭하고 빛으로 가득했지만, 어두운 감정이 너무나 크고 온통 마음을 사로잡고 있었기에 감정적 자아 안에 좋은 성품이 자리할 공간이 충분치 않았다. 그들은 아이와 공놀이를 하거나 재미있게 놀아 준 일, 아이를 사랑해 주고 다정하고 세심한 마음으로 보살폈던 일을 이야기했다. 물론 그들의 가혹했던 행동은 부정할 수 없는 현실이지만, 그로 인해 무시되고 있는 이 모든 훌륭한 자질들은 더 후한 점수를 받아야 마땅했다.

내가 보기에 이 신사들 — 이들의 영혼에는 신사의 품위가 있었다 — 은 먼저 주변 사람을 고정된 시선으로 보지 않는 법을 연습해야 했다. 그리고 자신이 보유한 훌륭하고 멋진 능력을 인정할 필요가 있었다. 그들에게 감정적 균형이 필요했던 이유는 그것이 건강에 좋기 때문만이 아니라 그들 스스로 자신을 믿을 수 있어야 했기 때문이다. 그들에게는 자신을 포함한 가족 개개인이 가지고 있는 선함을 위한 더 많은 공간과 인정이 필요했다.

이렇게 아주 간단한 방식으로 수년간 연습한 결과, 다시 폭력으로 회귀하는 사람은 거의 없었다. 핵심은 자신을 힘들게 하는 자녀와 배우자의 행동만이 아니라 자기 안에 존재하는 아름다움까지 함께 보는 것이다. 이 연습을 통해 그들은 편협하고 지배적이며 파괴적인 반응 습관에서 벗어나는 법을 찾았다. 그래서 과거라면 폭발했을 육아 상황에서 훨씬 더 확장되고, 차분하고, 균형 잡힌 대응을 할 수 있게 되었다.

내면의 목소리로 말한다

앞서 말한 가정 폭력의 가해자 중 한 사람이 어느 날 불쑥 나를 찾아왔다. 그는 수년간 분노 때문에 힘든 시간을 보냈고, 이 문제를 해결하기 위해 연민 어린 대응 연습을 하는 중이었다. 과거에는 모임에 나오기를 주저했던 사람이라 예기치 않은 그의 방문이 반가웠다. 할 얘기가 있다고 말하는 그의 모습이 어딘지 모르게 행복해 보였다. "아시겠지만, 제가 참 엉망이었잖아요. 어릴 때 학대당했던 기억이 내면에 남아 있었죠. 그런데 큰 변화가 생겼어요." 그는 의자에 걸터앉아 이렇게 말했다.

"어제 오후에 있었던 일인데요. 아마 선생님은 이해하실 거라 생각해서 찾아왔습니다. 힘든 일과를 끝내고 딸을 차에 태워야 하는 상황이었어요. 그런데 아이가 차에 타지 않겠다고 하더군요. 나나 아이 모두 조짐이 수상쩍다 생각했습니다. 곧 뭔가 일이 터지겠다 싶었죠. 그런데 예상과 달리 전혀 다른 일이 벌어졌어요. 저는 아이가 과거의 내가 아닌 지금 이 순간 존재하는 나의 말을 듣고 있다는 걸 알아차리면서 말할 수 있었어요. 얼마나 기분이 좋았는지 말로 표현하기 힘드네요. 저는 딸에게 이렇게 말했어요. '네가 상상하는 것 이상으로 아빠는 너를 사랑해. 네가 얼마나 재미있는 아이인지, 네 유머 감각이 얼마나 뛰어난지 잘 알아. 그런데 지금은 시간에 맞춰 엄마 집에 가야 해서 네가 아빠를 좀 도와줘야 해. 아빠는 그렇게 할 거야. 지금은 아빠가 말한 걸 실천해야 할 시간이거든.'"

그는 잠시 말을 멈추고 고개를 끄덕였다. "제가 한 말이 저의 내면, 혹은 정확하게 말할 수 없지만 저 높은 곳 어디에선가 온 것처럼 들렸어요. 뭔가 달랐어요. 제가 지금 이상한 소릴 한다고 생각하실 수 있지만, 그동안 저는 진짜 제 목소리를 들어 본 적이 없어요. 처음 있는 일이었어요. 하지만 이젠 어떻게 해야 들리는지 아니까 다시 할 수 있어요." 우리는 잠시 조용히 서 있었다. 그러고는 뭔가 살짝 어색했지만 서로를 꼭 안아 주었다. 그 후 자리를 뜬 그는 잠시 후 다시 뛰어들어 와 이렇게 말했다. "아, 딸이 바로 차에 올라타더니 직접 안전띠를 맸어요. 안전띠를 안 매려고 해서 늘 말썽이었는데 말이죠. 그리고 애 엄마 집에 도착할 때까지 줄곧 같이 우스꽝스러운 노래를 불렀어요. 아이가 차에서 내리고 나서 저는 울었습니다."

효율적이고 지속 가능한 습관이 생긴다

아이들이 우리를 자극할 때가 많다 보니 대응 과정에서 그다지 도움이 되지 않는 습관을 만드는 경우가 많다. 특히 부정적인 습관은 대개 해결하지 못한 과거에서 비롯돼 우리의 무의식적인 행동으로 숨어들기에 찾아내 고치기가 어렵다. 이러한 원치 않는 반사적인 반응을 새롭고 건강한 감정의 근육 기억으로 바꾸려면 연민 어린 대응 연습을 한 달 내지 그 이상 매일 연습해야 할 필요가 있다.

팔꿈치에 반복성 긴장 장애를 가진 한 테니스 선수가 있었다. 그녀는 빠르고 강력한 서브로 유명했는데, 공을 세게 치면서 팔을 심하게 긴장시키는 습관을 들이고 말았다. 물리치료사가 그녀의 반복되는 문제 행동을 촬영해 보여 주었고, 이후 그녀는 좀 더 편안하면서 오래 서브를 구사할 수 있는 새로운 방식을 고안해 냈다. 그런데 새로운 서브 방식이 너무 느슨하고 편안해서 전처럼 서브가 강력하지 못하면 어쩌나 걱정이 되었다. 그래서 실전에서 사용하기 전에 수정한 서브를 반복해서 계속 연습했다. 주의 깊게 그리고 의식적으로 서브의 과정을 세분화했다. 처음에는 왠지 좀 이상했지만 열심히 연습했다. 효율적이지만 통증을 일으키는 예전의 서브 방식으로 돌아가지 않으려고 무던히 애를 썼다. 서서히 새로운 서브 방식이 몸에 익자 어느덧 생각하지 않아도 자연스럽게 서브를 넣을 수 있게 되었다. 시합 날, 물 흐르듯 이어지는 새로운 서브는 놀랍게도 예전 서브보다 시속 24킬로미터 더 빠르고 정교했다. 서브 에이스로 얻은 점수가 이전의 두 배를 기록했다. 이 이야기는 단지 좋은 비유가 아니다. 스페셜 다이내믹스에서 일하는 물리치료사가 경험한 실제 사례이다.

테니스 선수 이야기를 우리 육아에 연결해 보자. 당신은 아이가 화를 돋울 때를 대비해 나름의 습관을 구축하려 노력했을 것이다. 그 방식은 강력하고 어느 정도 효과가 있었지만 지속 가능하지 않았다. 그래서 우리는 2부에서 새롭고 좀 더 연민 어린 대응 방식을 정교하게 연습했다. 많은 부모의 피드백에 따르면, 시각화 연습을 실제 아이와의 게임에 적용하기까지 3~4주가량 걸린다고 한다. 눈코 뜰 새 없이 빠르게 돌아가는 세상에서 3~4주 동안 내적으로 무언가를 연습한다는 게 수고스럽고 일이 많아 보일 수 있다. 하지만 투자 대비 효과가 아주 좋다.

간단히 계산해 보자. 엄청나게 화가 나거나 그다지 심하지 않은 자극을 받은 상황이 지금까지 족히 수백 번은 될 것이다. 하루에 두 번씩 1~2분 정도 연민 어린 대응 연습을 3~4주 동안 꾸준히 하면, 대략 40~50번 정도 연습한 셈이 된다. 다시 말해 3~4주 동안의 연습으로 수년간 우리를 넘어뜨리곤 했던 그 무엇을 무력화시킬 수 있다는 말이다. 이 정도면 괜찮은 거래라고 말할 수 있지 않을까? 물론 지금 우리는 무엇인가를 사고파는 게 아니다. 부모라면 누구나 원하듯 아이들이 안전하고 연결된 가정생활을 할 수 있도록 애쓰는 중이다.

연민 어린 대응 연습을 적극적으로 실천하면, 우리의 행복을 방해하는 외부의 힘을 약화하고 통제할 수 있는 능력을 되찾아 실용적이고 강력한 일을 행할 수 있다. 그렇게 함으로써 우리가 매일 가정생활을 하며 바라는 희망과 꿈에 한층 더 가까이 다가가게 된다.

알아차리고 현존하는 힘이 커진다

아이를 대하다 보면 폭발하듯 갑자기 어려움이 닥칠 때가 있다. 예를 들어 보자. 당신은 평범한 하루를 보내고 있다. 아이는 놀고 있거나 무언가를 하고 있고, 당신은 오랫동안 미뤄 둔 집안일을 처리하고 있다. 그런데 딸아이가 "지금 당장!"이라고 외치며 도움을 요청하자 살짝 짜증이 난다. 이미 아이를 위해 많은 시간을 썼기에 당신은 기다리라고 말한다. 하지만 아이는 계속해서 당신을 재촉한다. 이에 "잠깐만 기다려!" 하고 말은 하지만 슬슬 짜증이 치민다. 딸아이가 저쪽 방에서 "됐어!"라고 외치며 무언가를 집어던지는 소리가 들린다. 사용할 때 각별히 조심하라고 일러주었던 가위를 던진 것 같다. 곧이어 아이는 당신이 있는 곳으로 쿵쿵 발을 구르며 걸어와 소파에 몸을 던진다. 그 바람에 당신이 차곡차곡 개어 두었던 빨래가 와르르 무너진다. 일부러 그런 게 아닐까 하는 의심에 당신 눈초리가 매서워진다.

바로 이 지점에서 새로운 일이 일어날 수 있다. 당신은 집안일을 계속하면서 열받을 때면 올라오는 익숙한 붉은 안개를 감지한다. 이때 몸을 잔뜩 긴장한 채 아이와의 지저분한 언쟁을 준비하기보다, 일단 당신 몸이 경직되고 마음속에 짜증이 쌓이고 있음을 알아차린다. 이는 마치 발코니에 서서 아래쪽 댄스홀의 움직임을 바라보는 것과 비슷하다. 점점 더 커지는 짜증을 인식하면서 어떤 식으로든 반응하기에 앞서 좌절감을 들이마시고 중심을 잡아 집중된 마음을 넓게 퍼뜨린다. 지난 몇 주 동안 연습했기 때문에 충분히 할 수 있다.

이것은 건강한 대응이 당신이 바라는 감정의 근육이 될 수 있다는 첫 번째 신호이다. 이어서 당신의 눈이 부드러워지고, 이완된 느낌이 미세한 파도처럼 몸 전체로 퍼져 나간다. 일순간 당신이 원하는 진정한 당신이 그 방에 서 있다. 아이는 당신을 바라보며 무슨 일이 벌어질지 기다리고 있다. 아이는 당신 안에 있는 무언가를 감지한다. 제대로 표현할 수 있다면 아마도 "지금 엄마는 화나지 않았고 무섭지 않아. 엄마는 강하고 다정해"라고 말할 것이다. 당신은 아이에게 과제를 할 때 바라는 대로 되지 않는 상황을 견디는 건 힘든 일이라고 말해 준다. 그리고 지난주에 아이가 다 같이 즐길 수 있는 재미있는 보드게임을 만들었던 사실을 상기시킨다. 마지막으로 소중한 도구를 아무렇게나 다루는 건 절대로 안 된다고 단호하게 말한다.

발코니에 선 당신은 지금 하고 있는 말이 당신의 내면에서 나온 것임을 알아차린다. 그렇다. 얼마든지 말할 수 있지만 너무도 자주 켜켜이 쌓인 복잡한 감정 반응 아래 묻혀 버렸던 그 목소리다. 딸은 여전히 기분이 언짢지만, 평소라면 격분했을 법한 상황에서 살짝 누그러진 목소리로 이렇게 말한다. "일부러 그런 건 아니에요." 이에 당신은 "그래. 일부러 그런 게 아니라는 거 알아. 엄마랑 같이 이 옷들을 정리하고 양말들을 개고 나서 뭐가 잘못된 건지 같이 가서 알아보자"라고 대답한다. 딸이 과제를 하던 방으로 함께 걸어가며 당신은 한껏 고양된 부드러운 감정으로 가득 차는 느낌을 받는다. 이 느낌은 딸이 문제를 해결하도록 도와주면서 더욱 커진다. 다시 집안일을 하러 빨래 바구니를 집어 들면서, 당신은 딸과의 작지만 중요한 상호작용이 이전과 어떻게 달랐는지 알아차린다.

양육의 기쁨과 고통이 영적인 경험이 된다

부모로서 경험이 많지 않은 사람에게는 방금 이야기가 그다지 인상적으로 들리지 않을 수도 있다. 그저 엄마가 차분함을 지킨 것처럼 보일 테고, 그게 참 좋았다고 생각하는 정도일 수 있다. 하지만 아이와 함께하며 늘 최고의 모습이기를 바라지만 종종 부족하다고 생각하는 우리에게 이 이야기는 엄청난 변화를 의미한다. 한 번에 하나씩 가족과 유대감을 쌓고 보살핌을 쌓아 가는 과정을 보여 주기 때문이다. 지금껏 우리가 연습해 온 흐름 상태와 열병 상태를 시각화하는 작업은 부모로서 우리가 자아를 더 잘 이해하는 데 필수적인 토대이다. 하지만 자녀와 단절되는 패턴을 끊어 내는 삶의 경험이야말로 우리가 시간을 들여 연습하는 행위에 담긴 진정한 가치라고 할 수 있다. "나를 향한 끔찍할 정도로 불공평한 비난을 멈춰 줄래. 나는 잠시 명상을 해야겠어. 끝나고 다시 이야기하자." 아이에게 이렇게 말할 수 있다면 정말 멋지지 않을까?

뉴욕주 클린턴에 있는 해밀턴 대학의 사회학과 부교수 제이미 쿠친스카(Jaime Kucinskas)가 이끈 성스러운 경험에 관한 연구는 고립된 상태에서는 영적 경험이 잘 일어나지 않는다는 사실을 분명하게 보여 준다. 쿠친스카 팀이 실시한 연구 조사 결과에 의하면, 영적이고 의미 있는 특별한 순간은 사람들이 홀로 휴식할 때보다 일상생활을 하는 중에 더 자주 일어난다. 육아할 때 조용히 혼자 있을 수 있는 시간이 매우 적다는 걸 알고 있는 우리에게 이 연구 결과는 그야말로 희소식이다. 더 좋은 소식은 언제 일어날지 모르는 영적이고 특별한 경험을 굳이 기다릴 필요가 없다는 점이다. 단순하지만 의식적인 준비 작업을 통해 우리는 진정으로 현존하는 능력을 기를 수 있다. 그렇게 함으로써 아이와의 소통을 평범한 것에서 의미 있는 활동으로 바꿀 수 있다. 저녁이 되어 하루를 되돌아볼 때, 그날을 건강하게 만들어 준 연결의 중간지점을 볼 수 있다. 아이가 방황할 때 우리가 중심을 잡을 수 있는 능력을 기르는 일은 아이와 함께하는 즐겁고 재미있는 시간만큼이나 성스럽고 특별하다. 영적인 길을 걷는 사람에 관한 모든 성스러운 글에는 연약하고 고통받는 사람을 돕는 이야기가 많이 나온다. 아이들이 우리를 필요로 할 때 그들을 돕는 것을 두고 성스러운 행위라고 주장할 엄마나 아빠는 없을 것이다. 하지만 그렇게 할 때마다 우리는 온전하고 신성하고 선하다고 느껴지는 아주 작은 축복을 우리 가족에게 선물한다.

평범한 일상에 신성함을 부여한다

명상은 자기 자신을 더 잘 알고 내면에 있는 영적 영역을 찾는 데 도움을 준다. 나는 이 성스러움이 점점 더 우리 안에서 우리 사이로 옮겨가고 있음을 알게 되었다. '명상하다(meditate)'라는 단어의 어원 역시 중간 지대를 찾는 개념에 뿌리를 두고 있다. 이런 맥락에서 조용히 혼자서 하는 명상 연습은 그것이 가진 문제 해결 특성과 조화를 이룬다. 가톨릭의 성찬 예식이 성변화[성체성사(聖體聖事)에서 빵과 포도주가 그리스도의 몸과 피로 변하는 일-옮긴이 주]의 메시지를 전달하듯 수많은 영적 의식은 변화를 상징한다. 우리가 분노로 비화할 가능성이 있는 자녀 또는 다른 누군가와의 소통을 의식적으로 통제하고, 그들과 함께하는 새로운 방식으로 탈바꿈할 때 의례적인 일에 담긴 의미를 현실로 가져올 수 있다. 루돌프 슈타이너는 이에 대해 다음과 같이 말했다.

> 미래에는 주변의 다른 사람이 불행하면 그 누구도 행복의 즐거움 속에서 평화를 찾을 수 없을 것이다 … 모든 인간은 동료 인류 안에 숨겨진 신성함을 보게 될 것이다 … 모든 인간이 신의 형상을 따라 만들어졌기 때문이다. 그때가 되면 사람들 사이의 모든 만남

이 그 자체로 종교적 의식, 즉 성례(聖禮)가 될 것이다.

아이들은 우리 삶에서 가장 소중한 존재이다. 따라서 매일 우리와 아이들 사이에 흐르는 것이 작고 비밀스러운 신성한 의식이 되도록 특별히 주의를 기울이는 일은 너무도 당연하다. 일상을 미묘하게 영적인 순간으로 만드는 일은 가정에 은혜로움을 가져다준다. 아이들은 말로 표현하지 못해도 이를 감지할 수 있다.

감정을 정확히 직시한다

지금 이 순간에 머물면 전에는 보지 못하고 지나친 것들이 눈에 들어온다. 우리는 "거기 그냥 서 있지만 말고 뭐라도 좀 해 봐"라고 말하는 데 익숙하다. 이 말을 뒤집어 보면 "뭔가를 하려고 하지 말고, 그 순간 그저 거기 있어라"라고 말할 수 있다. 아이들과의 관계가 원만하지 않을 때면 우리 내면에서 종종 오만가지 감정의 물결이 요동친다. 당연히 우리는 그런 기분을 처리하려고 집중한다. 그럴 때 자칫 내면의 과정에 사로잡혀 골몰할 수 있는데 그러기보다 감정을 알아보려고 노력하는 게 좋다. 생활하다 보면 매일 수많은 상황이 벌어지고 때로는 폭발하게 되기도 한다. 그때마다 우리가 내면의 문제를 빠르게 처리할 수 있다면 아이와의 관계에서 일어나는 일을 살펴보는 눈이 밝아진다. 또 문제를 악화하지 않으면서 하루를 살아가는 건강한 대응 방식을 만들어 낼 수 있다.

아이의 속마음을 이해한다

아이가 화를 돋울 때 내면에서 치미는 감정적 심란함을 다스릴 방법을 찾으면 어떤 일이 벌어질까? 우리는 스스로에게 알아차림 능력을 선물하게 된다. 그러면 아이가 하는 행동이 소통의 신호일 뿐 그 이상도 이하도 아니라는 사실을 이해하게 된다. 즉 건강한 관계에 필수적인 요소가 그 모습을 드러내는데, 바로 아이의 의도이다. 만약 당신이 연민 어린 대응 연습을 실천하고 있다면 행동 자체에 사로잡힐 가능성이 낮아진다. 부드러운 눈길로 바라보면서 아이가 놀라거나 다쳤을 때 또는 분노할 때 얼마나 연약한 상태인지 떠올릴 수 있다. 지금 아이는 켜켜이 쌓인 감정의 층을 하나씩 벗겨 내는 중이다. 그 순간 아이의 좌절감 같은 감정을 끌어당기고 중심 잡힌 당신의 감정을 바깥으로 확장함으로써 차분함을 유지할 수 있다.

이렇게 우리는 아이의 진짜 의도에 조금 더 잘 조응할 수 있다. 아들이 격렬하게 화를 내며 탁자 아래로 물건을 집어던질 수 있지만, 이는 단지 당신에게 자기가 본 동물을 그려 주고 싶은데 그림이 '바보같이' 보여 속상했기 때문일 수 있다. 이때 아이의 의도는 당신과 뭔가 특별한 것을 나누고 싶고, 당신이 보고 싶어 하는 걸 보여 주는 것이었다. 다른 예를 들어 보자. 당신이 10대 딸에게 방 정리를 해야 한다고 진지하게 일러주면 아이는 불만스러워하며 뾰로통할 수 있다. 이때 딸의 의도는 저녁을 먹고 나서 방 정리를 하려 했던 것일 수 있다. 저녁 식사 후에 좋아하는 음악을 틀어 놓고 방 정리를 하면 서두르거나 마지못해서 한다는 느낌을 받지 않을 수 있다고 생각했을 수 있다. 걸음마를 막 뗀 아이가 비단 천을 건네주었는데, 당신이 그걸 접어서 바구니에 넣자 펄펄 뛰며 짜증을 부린다. 이때 아이의 의도는 천이 얼마나 부드러운지 얼굴에 대보라는 의미였을 수 있다. 당장 아이의 정확한 의도가 무엇인지 확실하게 파악되지 않는다고 해도 어른인 당신이 차분하게 그 순간에 존재하면 아이가 조금 더 당신에게 문을 연다. 그러면 진짜 문제가 무엇인지 알아낼 단서를 포착할 수 있다.

부모의 통제력을 아이가 보고 배운다

아이가 전보다 도움을 덜 받으면서 스스로 통제하는 법을 발전시키고 문제를 해결하는 법을 배워 가는 모습을 보는 것만큼 기분 좋은 일도 드물다. 나는 큰딸이 처음 자신의 좌절감을 다루는 법을 배우는 모습을 보며 안도했던 기억이 난다. 아이가 문제를 알아내려고 노력할 때 나는 옆에 같이 앉아 있곤 했다. 지나치게 개입하지 않으면서, 그렇다고 멀리 떨어져 무심하게 있지 않으면서 균형을 잡는 것이 관건이다. 아이가 감정적으로 혼란스러워하면 침착하게 곁에 머물면서 아이가 스스로를 되찾도록 도와줄 필요가 있다. 딸아이가 "해냈어요, 아빠. 내 힘으로요!"라고 외칠 때 정말 마음이 뿌듯했다.

어른이 중심 잡힌 상태로 곁에서 옳은 방향성을 보여 주면 아이는 재빨리 자기 통제력을 발전시킨다. 행동 단계에서 아이가 우리와 똑같이 할 수 있기를 원한다면 어른인 우리가 먼저 자기 통제력을 시범 보여야 한다. 이 사실만 알고 있어도 충분하다. 나는 거울 신경세포와 관련된 뇌과학을 접하며 큰 깨달음을 얻었다. 과학적 조사에 의해 밝혀진 연구 결과에 따르면, 우리가 육체적으로 어떤 행동을 할 때 뇌에서 특정 신경세포가 작동한다. 이 세포는 우리가 다른 사람이 그와 같은 행동을 하는 걸 관찰할 때 활동하는 세포와 동일하다. 그런데 이 거울 신경세포 체계는 다른 사람의 육체적 행동이나 말뿐만이 아니라 그들의 마음과 의도를 이해하는 데도 도움을 준다. 즉 아이가 흥분한 상태라도 어른이 중심을 잡고 있으면 아이의 거울 신경세포 활동이 어른의 차분한 상태를 감지해 복제한다는 뜻이다. 아이가 자신을 보호하는 어른과 협력해 감정적 흥분 상태에서 벗어나는 길로 들어서는 것이다.

아이와의 유대감을 회복한다

인간과 아동 발달 전문가였던 고(故) 조셉 칠턴 피어스(Joseph Chilton Pearce)는 연민 어린 대응 연습의 효과를 강력하게 뒷받침하는 또 다른 과학적 연구 조사 결과를 내놓았다. 그가 소통 플랫폼 터치 더 퓨처(Touch the Future)와의 인터뷰에서 한 말을 소개한다.

> 심장과의 연관성을 살펴보면 아주 재미있는 사실을 발견하게 됩니다. 저는 심장의 지능에 관해 이야기한 적이 있는데요. 모든 사

람이 그걸 비유라고 생각합니다. 맞습니다. 비유죠. 하지만 동시에 사실이기도 해요. 심장에서 세포를 떼어 내 적절한 액체 속에 넣으면 한동안 살아 있게 할 수 있는데요. 심장에서 떨어져 나온 세포는 리듬감을 잃고 급속도로 불규칙하게 뛰기 시작합니다. 재미있는 현상이죠. 리듬에서 벗어나 사방팔방 제멋대로 움직이다가 결국 파괴되어 죽어 버립니다. 시험 접시에 두 개의 심장 세포를 놓아둬도 비슷한 모습을 보일 겁니다. 모태이자 근원에서 떨어져 나와서는 견딜 수가 없는 거예요. 우리도 똑같습니다. 심장에서 떨어져 나오면 앞서 말한 세포처럼 제멋대로 뛸 겁니다. 단지 시간이 조금 더 지연될 뿐이지, 결국에는 죽는 거예요. 그런데 만약 이 심장 세포들을 서로 가까이 두면 어떻게 될까요? 공간상 어느 정도 근접하게 두지만 서로 닿지는 않게 말이에요. 그러면 두 세포 사이에 어떤 물리적 장벽이 있기는 하지만 공간적으로 근접한 지점이 생깁니다. 그 지점에서 두 세포는 어떻게든 서로 소통해 심장에 있을 때 경험했던 동시의 리듬 상태로 즉시 되돌아갑니다.

나는 칠턴 피어스 박사의 강의에서 이 연구 결과를 들었다. 이 말의 의미를 곰곰이 생각하던 청중들 사이에서 조용히 숨을 몰아쉬는 소리가 들렸다. 분리된 상태에서 죽어 가던 심장 세포 가까이 다른 세포를 놓아두기만 해도 죽어 가던 세포를 소생시켜 함께 뛰게 할 수 있다면, 화가 난 아이를 교육할 때 우리가 어떻게 해야 할지가 확연하게 드러난다. 소리를 지르거나 화를 내며 아이를 방으로 들여보내는 행동은 거부를 바탕으로 한 훈육이자 고립을 택하는 길이다. 그러면 아이의 감정이 제멋대로 요동칠 것이다. 하지만 만약 우리가 아이를 따라 격렬한 반응을 보이기보다 그들을 돌볼 수 있을 만큼 균형 잡힌 상태로 규칙적인 리듬을 유지한다면 아이는 곧 원래의 모습을 되찾을 것이다. 동시에 근본적인 차원에서 아이와의 굳건한 유대감을 회복할 수 있을 것이다.

'아이'에서 '가치'로 육아 중심이 바뀐다

아이를 중심으로 가정을 꾸민다는 말은 애정 어리면서도 타당하게 들린다. 그런데 이 아이 중심이라는 표현이 가끔 '아이가 주도하는'으로 해석되는 것 같다. 그러면 다정하고 사랑을 많이 주려는 선의를 가진 부모가 부지불식간에 스스로 아이에게 지배당하는 꼴이 된다. 한 아빠는 '꼬마 황제의 신하'가 되었다고 말하며 유감스럽다는 듯 쓴웃음을 지었다. 아이에게 이렇게 많은 영향력과 힘을 부여하면 가족 전체가 힘들어진다. 그리고 직관에 어긋나게도 아이의 스트레스도 아주 심해진다. 아이가 주도하는 역할에 놓이면 비현실적인 명령을 내리게 되고, 그것이 만족스럽게 행해지지 않으면 분노하면서 절망하는 모습을 보인다. 이때 부모가 아이에게 무슨 문제가 있는지 알아내려고 노력하면

할수록 상황이 더 나빠진다.

방향을 바꾸면 답이 보인다. 간단하게 말하면 가족의 중심에 자녀가 아닌 가치를 두어야 한다. 아이가 필요로 하는 것에 초점을 맞추지 말고 방향을 바꿔 자녀와 부모 모두에게 건강한 일이 무엇인지 부모가 확실하게 신념을 밝히고 알려 주는 게 중요하다. 이런 핵심 윤리가 가정의 중심이 되어야 한다. 그러면 아이는 이를 감지하고 안정감을 느낀다.

가치에 중점을 두는 가족은 일종의 깊은 우물을 가지고 있는 셈이다. 상황이 복잡하고 어려워질 때 모두가 이 우물에서 물을 길어 마시며 스스로 기분을 전환하고 쇄신할 수 있다. 이렇게 하면 장기적인 측면에서 두 가지 효과가 있다. 첫째, 아이에게 판단 기준을 부여한다. 아이가 부모를 벗어나 집을 떠나면 여러 가지 유혹에 노출되고 스스로 결정을 내려야 할 시간이 온다. 가령 무리 지어 다니며 새로 전학 온 아이를 괴롭힐 수도 있고, 반대로 조용히 그 아이를 지지해 줄 수도 있다. 가게에서 물건을 훔치는 일에 가담할지 그러지 않을지 결정을 내려야 할 때도 있다. 친구들이 돌려 가며 마리화나를 피울 때 자신도 그것을 피울지 아니면 신중하게 생각해 넘겨 버릴지 결정해야 한다. 이런 상황에서 아이는 가족의 가치에 근거해 스스로 올바른 판단을 내릴 수 있다. 둘째, 아이가 커서 독립적인 생활을 할 때 당신이 아이에게 심어 주고자 노력했던 훌륭하고 풍요로운 가치의 토양이 아이가 지닌 미덕의 씨앗을 굳건히 뿌리 내리도록 한다.

가족의 가치가 아이 성품의 밑거름이 된다

가치라는 단어에는 뭔가 크고 깊은 철학적 개념이 담겨 있다. 그것은 진실과 온전함으로 위상이 매겨진다. 삶을 영위하고 가족을 부양하는 데 꼭 필요하다고 여기는 이런 양식들은 아이와 함께하는 매일의 작은 일상에서 만들어진다. 매일 아이들은 어떤 방식으로든 우리를 한계로 몰아가며 자극한다. 이에 대한 우리의 반응 방식이 가족이 추구하는 바를 선명하게 드러낸다. 시간이 지남에 따라 정의할 수 있는 무언가가 나타난다.

한 가지 예를 들어 보자. 나는 수년간 고등학교 농구팀을 지도했다. 한 번은 시즌을 준비하며 연습 시합을 하는데, 우연히 선수들끼리 하는 말을 들은 적이 있다. 왜 지난 시즌에 가장 잘하는 선수들이 경기에 오래 뛰지 못했는지 의아하다는 내용이었다. 한 아이가 이렇게 말했다. "이기는 게 중요하지. 맞아. 하지만 열심히 하는 선수에게도 기회가 주어져야 한다고 믿어. 기량이 얼마나 좋은지 만큼 태도도 중요하다고 생각하거든." 훈련을 마치고 뒷정리를 하면서 나는 그 아이에게 아까 왜 그렇게 말했는지 물어보았다. "부모님이 항상 태도에 관해 그렇게 말씀하셨어요. 그게 가끔은 성가셨지만 습관으로 받아들이게 된 것 같아요." 나는 다시 이렇게 물었다. "너한테는 어떤 것 같아?" 그러자 아이는 어깨를 살짝 으쓱해 보이고는 조용히 미소 지으며 답했다. "좋은 것 같아요." 나는 그 아이를 농구부 주장으로 뽑았고, 그의 태도가 팀 전체에 긍정적인 영향을 미쳤다. 물론 그 아이는 그런 일에 연연하지 않았다. 성품 자체가 그런 아이였던 것이다.

그 시즌에 성적이 좋아서 우리 농구팀이 상위 라운드에 진출했는데, 중요한 플레이오프 경기를 치르고 우연히 주장의 부모를 만나게 되었다. 나는 부모에게 전에 아이가 했던 말을 그대로 전했다. 그러자 부모는 눈이 휘둥그레지고 활짝 미소 지으며 이렇게 말했다. "세상에, 그랬군요. 전에 우리 아이는 반항이 심했어요. 늘 우리가 지루하다고 말했죠. 하지만 우린 절대 포기하지 않았습니다." 아이의 부모는 아주 행복한 모습으로 체육관을 떠났다.

행동으로 가치를 구현한다

자녀가 반복적으로 나쁜 행동을 한다고 느껴서 당황스러워하는 부모가 많다. 가끔은 아이와 함께 부모가 중요하게 여기는 것에 관해 진지하게 대화를 나누는 일도 중요하지만, 그런 방식에는 분명 한계가 있다. 나는《훈육의 정신》이라는 책에서 '가족의 가치를 정의 내리는 역할로서의 훈육'에 관해 이야기하며 미켈란젤로의 다비드상 조각 작업을 비유로 들었다. 돌을 깎아서 어떻게 이토록 위대한 작품을 만들어 냈느냐는 물음에 미켈란젤로는 돌을 깎아 낸 게 아니라 그저 다비드가 아닌 부분을 들어냈을 뿐이라고 답했다. 미켈란젤로는 자신의 머릿속에 있는 다비드의 이미지를 어떻게 돌의 윤곽과 결에 맞췄는지, 대리석이 어떤 식으로 자신에게 말을 걸어왔는지 이야기했다. 다시 말해 미켈란젤로는 조각상이 어떤 모습이 될 것인지 아주 선명한 이미지를 가지고 있었다. 그리고 머릿속의 이미지를 시각화하기 위해 대리석 원료를 조금씩 다듬으면서 동시에 원재료의 요구를 받아들였다.

나는 미켈란젤로의 작업 방식이 효과적인 육아와 유사하다고 생각한다. 우리는 무엇이 우리 가족에게 든든한 기반이 되어 줄지 깊이 생각해 볼 수 있다. 다정함, 사려 깊음, 공감, 스스로에게 진실됨 등의 덕목이 대부분 부모의 리스트에 올라 있을 것이다. 이는 미켈란젤로가 수년 동안 작업장에서 돌을 깎아 결과물을 만들었듯 그와 유사한 과정을 통해 만들어진다. 우리의 작업장은 바로 가정이다. 가족 구성원 중 누군가가 올바르지 않은 방식으로 이야기하고 행동할 때마다 우리는 그것을 바로잡을 수 있고, 가족이 지향하는 바를 명확하게 밝히기 위해 한 걸음 더 나아갈 수 있다. 미켈란젤로의 대리석 결처럼 아이들은 모두 저마다의 개성과 기질을 가지고 있고, 우리는 매일 그런 성품을 지닌 아이들과 만나 소통한다. 하지만 우리에게 가족으로서 전체적인 모습을 부여하고, 특히 어려움이 닥쳤을 때 방향을 제시해 주는 것은 우리가 만들고자 애쓰는 것에 대한 보다 깊은 비전이다.

다른 사람의 생각에 휘둘리지 않는다

이 책에서 우리는 일관되게 상상력과 시각화의 힘을 이용했다. 먼저 정신적 이미지를 만들고 나서 실용적인 단계에서 그 이미지의 힘을 사용한다. 이는 집을 설계하는 것과 비슷하다. 집을 지을 때 먼저 건축가와 작업하고 거기서 나온 디자인을 실제로 집을 지을 건설업자에게 넘겨준다. 건축가의 청사진이 없다면 건설업자는 당신이 예상하지 않은 여러 가지 결정을 내릴 것이고, 결국 당신의 생각과 전혀 다른 모습으로 완성된 집에 살게 될 것이다. 당신이 원하는 것에 대한 명확한 비전을 갖는다는 건 다른 사람의 생각에 휘둘리지 않는다는 의미이다. 가족을 꾸리고 아이를 키울 때 이는 특히 중요하다. 여러 가지 의심스러운 영향력에 압도될 수 있고, 그러면 당신이 원하는 곳에서 원하는 방식으로 가족과 살아가는 데 지장이 있을 수 있기 때문이다. 도덕과 윤리를 천천히 살펴보고 그것이 가정생활에서 표현되는 방식을 연구하면 매일 아이들의 삶에 대한 우리의 희망을 분명하게 보여 줄 수 있는 도구를 갖출 수 있다. 이런 식으로 우리는 끝을 염두에 두고 시작할 뿐 아니라 매일 그것을 실현해 나가야 한다.

아이가 설 자리를 명확하게 알려 준다

아이들은 규칙적인 틀이 있을 때 잘 자란다. 최근 농산물 직판장에 갔다가 가족 3대가 상호작용하는 모습을 본 적이 있다. 그 가족은 할머니가 주도해 집에서 구워 온 먹거리와 잼 등을 판매하고 있었다. 아버지는 옆에서 채소 판매를 관리했다. 할머니와 아버지는 손님들이 확신을 가지고 물건을 사도록 능숙하고 친절하게 질문에 답했다. 이들의 가판은 분주했고 제품은 잘 팔렸다. 가판대에 물건이 떨어지지 않게 살피고 주변에 널린 상자들을 정리해 승합차에 싣는 일은 두 아이가 맡아서 했다. 또한 아이들은 할머니와 아버지로부터 손님이 낸 돈을 받아 거스름돈을 정확하게 내어 주는 일을 담당했다.

아이들은 몇몇 단골손님을 잘 알고 있어서 기쁘게 손을 흔들고 미소 지으며 인사를 했다. 이 가족의 시스템은 원활하게 돌아가고 있었다. 모두가 자신의 역할과 할 일을 알았다. 그런데 단순히 조직적으로 잘 돌아가는 것 이상의 무언가가 있었다. 그건 바로 적절하게 일을 해내는 데 필요한 배경과 기술을 누가 가지고 있는지 모두가 확실히 알고 있었다는 점이다. 강제적으로 권위를 행사하는 일이 없었고 모든 것이 간단하고 자연스러웠다. 만약 아이들이 손님을 대하고 어른이 아이들을 보조하는 식으로 역할이 바뀌었다면 어땠을까? 아이들이 손님을 대하는 모습을 보고 귀엽다고 생각하는 사람도 있겠지만, 그들은 할머니와 아버지처럼 손님에게 자신들의 물건을 구입해도 된다는 자신감을 심어 주지는 못했을 것이다. 어른이 가지고 있는 지혜와 경험을 충분히 이용할 수 없었을 것이고, 가족의 사업이 가진 잠재력을 제대로 펼치지 못해 아마 가지고 온 채소와 케이크를 다 팔지 못했을 것이다.

마찬가지로 우리 아이들은 가정에서 자신의 위치를 정확히 알 때 이로움을 누린다. 아이는 종속되어 있어야 하고 필요하면 깎아내려야 한다는 의미가 아니다. 여기에서 말하는 자신이 설 자리는 안다는 개념에는 깊은 뜻이 담겨 있다. 그것이 우리에게 정체성을 부여한다. 자신이 있어야 할 곳을 알면 아이는 안정감을 느끼고 감정적으로 부유하지 않는다.

흔들림 없이 가족의 가치를 지켜 나간다

가치관은 전파력이 강하다. 그리고 효과적인 구조 수단의 역할을 할 때가 있다. 누구에게서 구조할까? 바로 당신과 가깝고 선의를 가졌지만 깊이 생각하지 않는 고집스러운 사람들, 당신이 아이에게 가르치기 위해 세심하게 구축해 놓은 모든 경계에 도전하거나 이를 무시하고 마구 지워 버릴 수 있는 능력의 소유자들로부터 당신을 구해 준다. 올바르고 분명한 가치관을 지니면 가족을 끈끈하게 붙여 주는 풀의 접착력이 약해진다는 느낌에 사로잡히지 않으면서 당신이 공들여 쌓아 온 이해의 감정과 오랫동안 힘들게 구축해 온 원칙에 기댈 수 있다. 그렇게 하면 어렵지만 해결 가능한 범위 안에서 상황을 유지할 수 있고, 그 상황이 치명적인 영역으로 확 기울어지는 일을 방지할 수 있다.

이런 종류의 가족 구성원 사이의 역학을 아이 중심 성향과 비교해 보자. 어느 집에나 장난기 많은 삼촌이 한 명쯤 있게 마련이다. 이들은 아이에게 정제되지 않은 미디어 내용을 몰래 보여 주고 달콤한 음식을 먹이면서 살짝 삐딱한 쾌감을 느끼는 것 같다. 만약 당신이 아이 스스로 중심에 있다고 느끼게끔 그리고 아이의 욕구가 가장 중요하다고 생각하게끔 육아를 해 왔다면, 아이가 누군가에게 무언가를 받을 때 망설이거나 조금 더 생각해 볼 가능성이 현저히 낮아진다. 무엇보다 그런 도덕적 딜레마를 아이가 짊어지게 하는 것은 공정하지 못하다.

선하지만 당신과는 사는 방식이 다른 사람을 방문하게 되었다고 가정해 보자. 아이와 관련된 상황에 대처하는 방식에 있어 의견이 갈릴 때 당신은 일종의 외교관이 될 필요가 있다. 그렇게 대처하는 게 합리적이다. 만약 당신이 자녀를 기르는 방식을 변호하거나 사과해야 할 것 같은 기분이 든다면 그건 잘못이다. 그저 상황을 끝내려는 시도로 불신감을 삼키고 친척이 하는 행동에 대한 분노를 감추려고 노력한다면 말이다. 대신 당신이 확고한 가족의 가치 위에 서 있으면 상황이 달라질 수 있다. 다음은 부모가 분명한 가치관을 가질 때 얻을 수 있는 이로움들로, 내가 개인적으로 경험한 결과이자 많은 부모가 언급한 결과들이다.

- 아이에게 줘도 괜찮은 것과 그렇지 않은 것에 관해 이야기할 때 조용하지만 단호하게 진심을 표현한다. 그러면 당신은 약하고 애원하는 것처럼 보이지 않으면서 강요하거나 불합리하게 보이지도 않는다.
- 누군가를 방문하기 전에 미리 아이나 친척, 친구들과 예방 차원에서 이야기 나누고 경계를 정할 가능성이 높다.
- 아이가 당신의 진심을 받아들인다. 겉으로는 폭력적인 비디오게임을 하며 놀지 못하는 상황을 불만스러워할 수 있지만, 당신이 자신의 신념을 지키려 노력한다는 점을 존중한다.
- 집으로 돌아갈 때 친척의 행동이나 태도에 대해 버럭 화를 내고 비난하지 않게 된다. 그렇게 하면 아이들은 무안해하고 혼란스러워한다. 감정을 그런 식으로 폭발시키면 아이들은 당신과 재미있는 친척 중 하나를 선택해야 한다고 느낄 수 있다.
- '어디에 살든 상관없이 우리가 살아가는 방식'에 대한 기본적인

이해를 유지할 수 있다. 이는 아주 건강한 메시지이다. 장기적으로 볼 때 아이들은 다른 사람이 자신을 방해할 때도 당신이 믿는 바를 지킨다.

- 친척 방문 후에 그로 인해 일어난 일을 투덜거리며 따지느라 시간을 허비할 필요가 없다. 몇 시간 전까지 정말 재미있는 시간을 보내다가 이제는 갈피를 잡지 못해 우는 아이를 다루는 건 누구에게도 공정한 일이 아니다.

우리가 어렸을 때 부모님들은 대부분 우리를 예의 바른 아이로 키우고 도덕적인 삶을 살게 하려고 애썼다. 그러니 부모님이 직접적으로 또는 은근슬쩍 당신의 양육 방식에 도전하면 얼마든지 이렇게 말해도 괜찮다. "제가 가치를 가진 사람으로 자라게 키우셨죠? 덕분에 그렇게 컸어요. 그 점에 감사해요. 제가 아이를 키우는 방식이 마음에 들지 않으실 수 있을 거예요. 하지만 그게 제가 의미를 두는 가치이고, 그건 변하지 않을 거예요. 그러니 그렇게 하시는 건 잘못이에요." 비록 쓴웃음을 지으며 말할 수도 있지만 사실이 그렇다.

마지막으로 효과적으로 가족의 가치를 지켜 낸 모범 사례를 하나 소개한다. 한 아빠가 다음과 같은 메시지를 보냈다. "우리 부부는 지금까지 아주 기본적인 원칙만 가지고 아이를 키웠어요. 물론 7살과 9살 난 두 아들과 다정하고 아주 재미있게 놀아 주지만, 아이들은 누가 책임을 지는 사람인지 알고 있죠. 우리 아이들도 여느 집 애들처럼 저와 아내를 한계까지 몰아세웁니다. 그때마다 저와 아내는 서로 존중하고,

가정에 기여하고, 서로 돌보는 일이 우리 가족이 추구하는 가치라고 반복해서 아이들에게 말해 줍니다. 무엇이 중요한지에 관해 확실하게 합의하고 그걸 지켜나가는 게 훨씬 더 수월한 것 같아요. 간단해 보일지 모르지만 우리에게는 효과가 있어요. 제 처남과 그의 아내는 좋은 사람이지만 우리와 추구하는 점이 다르다고 생각해요. 그들은 우리 부부가 너무 엄격하고, 아이들에게 집안일을 많이 시킨다며 좀 더 자유를 주어야 한다고 생각하죠. 물론 그걸 말로 표현하지는 않아요. 그런데 대놓고 말은 안 해도 분명히 그렇게 생각한다는 걸 알고 있죠. 어느 날 처남이 새로 산 장작 난로를 보러 우리 집에 들렀어요. 난로를 산 지 2주 정도밖에 안 됐는데, 아이들에게 장작을 쪼개서 끌고 와 난로에 넣고 불을 붙이는 걸 돕게 가르쳤어요. 처남이 돌아가면서 이렇게 말하더군요. '정말 인상적이에요. 아이들에게 난로 다루는 법을 알려 줬더니 배운 대로 따라 하네요. 다른 부모들은 난로 주변에 철망을 친다거나 온갖 물건을 다 가져다 세워 놓고 걱정하는데, 여기 아이들은 아빠 말을 잘 들어서 안전하겠어요. 저는 가끔 매형이 너무 엄격하다고 생각했는데 이제 그렇게 하는 이유를 알 것 같아요.' 그날은 바쁘고 정신이 없어서 밤늦게나 되어 아내에게 처남 이야기를 했어요. 제가 아마 많이 웃었던 모양이에요. 아내는 명랑하고 천연덕스럽게 이렇게 말하더군요. '그래? 그거 정말 좋네. 근데 나는 걔가 도넛을 사 와서 저녁 식사 전에 애들한테 먹이는 일도 안 하겠다고 하면 좋겠는걸!'"

아이에게 한계를 정해 준다

감정적 자기 조절에 관한 워크숍을 마친 뒤 한 엄마가 일기에 쓴 내용을 공유했다. 다음과 같은 내용이었다. "뭐라고 정확하게 딱 꼬집어 말할 수는 없지만 엄마가 되면서 뭔가를 잃어버렸어요. 아이들을 사랑하고 그들과 함께하는 새로운 삶이 좋아서 스스로 괜찮다고 생각했지만, 아이들이 자라면서 점점 더 지쳐갔어요. 항상 '아이 먼저'가 되다 보니까 시간이 갈수록 내가 누구인지 잊어버리는 것 같았죠. 그런데 연민 어린 대응 연습을 하면서 다시금 나 자신과 내가 지지하는 가치를 되찾게 됐어요. 부모가 되기 전에는 그저 좋은 사람이 되기 위해 최선을 다했지만, 이 연습을 하면서 내가 훨씬 더 유능하고 아이들에게 필요한 한계를 정해 줄 수 있는 사람이라는 걸 깨달았어요. 처음에는 좀 이상하게 느껴졌어요. 매일 아이들을 쫓아다니며 어떻게 도와줄지 궁리하다가 일과를 짜고 아이들이 그걸 따르도록 하는 게 어색했거든요. 과연 잘 따라 줄지 확신이 서지 않았죠. 그런데 막상 해 보니까 오히려 더 좋아하더군요. 때때로 가족의 형태는 어떤 일을 하기보다 하지 않기로 선택함으로써 정의할 수 있는 것 같아요. 내가 알게 된 건 아이들과 함께하고 싶은 삶을 선택하고 계속해서 그것을 유지할 때 모든 것이 시작된다는 겁니다."

아이 중심에서 가치 중심으로 전환하는 일은 미묘한 작업이지만, 당신이 더 효율적이고 효과적인 부모가 될수록 그 힘이 점점 더 강력해진다. 나는 이것을 영혼의 경제라고 생각한다. 비록 그것이 최우선 동기는 아니지만, 아이들은 변화를 알아차릴 것이다. 그보다 중요한 건 부모라면 누구든 피할 수 없는 수없이 많은 결정의 순간에 판단의 근거가 되어 줄 핵심 원칙을 강화하게 된다는 점이다. 그렇게 하면 하루를 보내고 몸은 피곤할지 몰라도 끔찍하고 진이 빠져 완전히 고갈된 기분은 느끼지 않을 것이다. 대신 가족이 추구하는 가치에 가까이 머물며 그것을 지켜 낸 경험을 더 많이 느낄 것이다. 그리고 그 길을 따라가다 보면 좋은 일만 일어난다는 사실을 알게 될 것이다.

언제든 틀어진 관계를 바로잡을 수 있다

지금까지 우리는 아이가 최악의 상황일 때 우리의 대응에 중심과 균형을 갖추고 연민을 갖도록 하는 데 집중해 왔다. 하지만 만약 당신이 그 순간 최상의 상태가 아니라 상황을 제대로 다루지 못한다면 어떻게 될까? 연민 어린 대응 연습은 상황이 악화되어 분노를 폭발시키거나 차갑고 날카로운 침묵이 일어난 후에 그 상황을 개선하는 데도 도움이 된다.

현실을 받아들이고 관계 회복을 위해 노력한다

아이가 정말로 성질을 긁는 날이 있다고 가정해 보자. 지금까지 연민 어린 대응 연습을 실천하면서 대부분은 상황을 잘 처리해 왔는데, 결국 폭발해 버렸다. 좌절감을 다독이지 못하고 화를 내며 소리를 질렀다. 그러면 실패한 것일까? 모든 노력이 수포로 돌아갔을까? 사다리 게임을 하다가 미끄러져서 다시 처음 시작점으로 되돌아간 것과 같을까? 절대 그렇지 않다. 대부분이 경험해 보았듯 이런 상황을 치유하는 열쇠는 적절한 시점에 상황을 바로잡는 것이다. 한 어머니는 화를 이기지 못하고 폭발한 다음 즉시 상황을 바로잡을 수 있었다고 말했는데, 그 말이 참 인상 깊었다. 우리 대부분은 아드레날린과 코르티솔 수치가 가라앉기까지 시간이 필요하다. 그러고 나서야 비로소 내적으로 자아를 정리할 수 있다. 그다음에 아이에게 가서 관계 복구를 꾀해야 한다. 생화학적, 감정적 균형 상태가 다시 정상으로 돌아가려면 보통 15분에서 20분 정도가 걸린다. 중요한 건 당신이 속이 상했고, 다시 본래의 모습으로 돌아오려면 어느 정도 공간이 필요하다고 아이에게 알려 주는 것이다. 종종 부모들은 "잠시 조용한 시간을 가질 거야. 우리 모두 기분이 조금 나아지면 다시 생각해 보자"라든가 간단하게 "지금은 잠깐 혼자 있고 싶어"라고 말한다. 어떤 아버지는 아이들에게 스스로를 낮추는 유머를 날리며 이렇게 말한다고 한다. "화난 곰을 쿡쿡 찌르지 마세요."

가능하면 빨리 관계를 회복하는 게 좋다. 만약 아이가 손가락을 베어 피가 난다면 감염을 방지하기 위해 재빨리 소독약을 바르고 밴드를 붙여 줄 것이다. 아이와 당신 사이에 벌어진 감당할 수 없는 상황으로 인해 생긴 감정의 상처도 마찬가지다.

세 아이를 키우는 한 어머니의 사례를 들어 보면, 비록 오래 걸리더라도 여전히 관계 회복이 가능하다는 메시지를 읽을 수 있다. 그 어머니는 내게 다음과 같은 사연을 보냈다. "저는 화가 나면 소리나 비명을 지르기보다 무서울 정도로 말이 없어지고 분노로 몸이 경직되곤 했어요. 소통을 완전히 단절하는 거죠. 그러면 아이들 모두 저를 피했어요. 그렇게 드리워진 폭풍우가 걷히고 회복되려면 최소 이틀은 걸렸죠. 그런 식으로 혼자 있으면 참 외로워요. 이런 패턴이 몇 년 동안 반복되었는데 10대인 큰딸이 저를 일깨워 줬어요. 엄마는 결국 그 상황을 이겨내고 기분이 나아질지 몰라도 자기는 그렇지 않다고 말이죠. 딸이 어렸을 때 제가 그렇게 화가 나 있으면 '엄마가 원래대로 돌아오지 않을지도 몰라. 다 내 잘못이야. 난 아마 세상에 혼자 남겨질 거야'라고 생각했대요. 그런 일이 얼마나 자주 일어나는지 빈도에 상관없이 아이는 그렇게 경험한 거예요. 그래서 불안해하게 됐고 제가 말을 안 하고 있을 때마다 딸아이는 우리 사이에 장벽을 계속해서 더 높이 쌓았어요. 딸에게 그 말을 들으니 핑크 플로이드(Pink Floyd)의 노래 〈벽 속에 또 다른 벽돌(Another Brick in the Wall)〉이 생각난다고 말했어요. 아이가 들어 본 적이 없다고 해서 소심하게 제가 아는 부분을 조금 불러 주었죠. '결국 벽 속에 또 다른 벽돌일 뿐.' 그러자 아이가 와락 울음을 터뜨리며 정확하게 상황이 딱 그랬다고 말했어요. 저는 아이에게 더 이상 벽돌이 없을 거라고 약속했어요."

정말 좋은 사람인 이 어머니가 그런 상황에 빠지게 된 데는 여러 가지 구체적인 원인이 있었다. 주된 원인은 소극적이고 부정적인 전 남편이었다. 전 남편과 함께 살 때 그녀는 자신의 감정을 표현하지 않고 억누르곤 했다. 문제 해결을 위해 먼저 그녀는 자신이 다정하고 사랑이 많은 사람이라는 사실을 기억하고 받아들였다. 그리고 자신을 선로에서 이탈하게 만드는 게 무엇인지 탐색했다. 그러자 관계가 좋아지기 시작했다. 매일 자신의 부족한 점을 수용하고 선량함을 되새기며 즐기는 법을 연습하자 아이들도 변화를 알아차렸다. 그녀는 "꽤 오랫동안 잘 지내지 못했지만, 그래도 딸들과의 관계를 회복할 수 있어서 다행이에요. 벽돌을 하나씩 쌓아 벽을 만들었다면 반대로 하나씩 빼내 허물 수도 있잖아요? 지금 저는 그렇게 하고 있어요. 아이들도 제게 돌아오고 있고요"라는 말로 이메일을 끝맺었다.

실수와 실패를 두려워하지 않는다

언젠가 10대 아이들에게 TV 리얼리티 쇼가 왜 그렇게 인기가 많은지 물은 적이 있다. 아이들은 정말 뭘 모른다는 듯한 얼굴로 나를 쳐다봤다. 그들의 대답은 분명했다. "그거야 그 짜증 나고 역겨운 일이 내가 아닌 다른 사람한테 일어나니까요." 이 쓰디쓴 진실에 모두 한바탕 웃음을 터뜨렸다. 하지만 육아 중에는 그런 일이 우리에게 일어나고 앞으로도 계속해서 일어날 것이다. 육아는 우리에게 자기 판단에 유연해지라고 요구한다. 또한 우리가 미묘하거나 두드러진 실수, 원색적인 실수, 심지어 남 앞에서 큰 실수를 저지른다는 점뿐만 아니라 최선을 다하고 있다는 사실도 분명하게 보라고 말한다. 이런 맥락에서 에릭(ERIC) 원칙을 고려해 볼 만하다. 내가 솔트레이크시티의 와사치 독립 공립학교(Wasatch Charter School)를 방문했을 때 우연히 어떤 교실 벽에 에릭 원칙이 걸려 있는 걸 발견했는데, 그 단순한 힘에 깊은 인상을 받았다. 에릭 원칙은 실수를 다음과 같이 정의한다.

예상하고 (**E**xpected)

존중하고 (**R**espected)

점검하고 (**I**nspected)

바로잡다 (**C**orrected)

이 책에서 소개한 연민 어린 대응 연습은 육아할 때 저지를 수 있는 크고 작은 실수를 줄일 수 있는 강력한 수단이다. 만약 당신이 통제할 수 있는 능력 내에서 문제를 올바르게 바로잡을 간단한 방법이 없다면, 실수할까 봐 걱정하는 건 지극히 자연스러운 반응이다. 자신의 실수를 웃어넘기고, 정당화하거나 감추려 들지 않는 태도는 삶을 건강하게 살아가는 방식이자 아이에게 좋은 역할 모델이 된다. 하지만 만약 아이가 최상의 상태라면, 이때는 적절한 정도의 위험을 감수하고 실패를 가능성으로 받아들일 수 있어야 한다. '투지(grit)'라고 불리는 이것은 삶의 핵심 기술 중에서도 기본이다. 나는 당신이 긴장을 풀고 자신이 실수를 저지를 수 있음을 받아들이고, 왜 그런 실수가 벌어졌는지 알아보고 경험해 보길 바란다. 그리고 이제 당신에게는 그것을 복구할 구체적인 도구가 있으니 안심하길 바란다.

심각해지기 전에 상황을 바로잡는다

고대 그리스 신화 속 영웅 이아손(Jason)이 아르고호의 선원들과 첫 항해를 떠날 때 그의 목표는 황금 양모를 찾는 것이었다. 그의 여정은 결코 순탄치 않았다. 잘못된 판단이나 원래 가야 할 길에서 벗어나게 하는 사건 때문에 경로를 바로잡아야 하는 경우가 많았다. 또한 모험 중에 정체를 알 수 없는 미지의 땅에서 위험한 일을 겪기도 했다. 그때마다 이아손은 자신과 선원들이 안전하게 항해할 수 있도록 자신이 가진 모든 자원을 동원해야 했다. 스스로를 의심할 때가 있었고, 수수께끼를 풀어 위험을 극복한 뒤 의기양양하기도 했다. 시간이 흐르면서 조금씩 이아손은 현명해져 갔지만, 다음에 만나게 될 상황의 답을 구하지 않아도 될 만큼 충분히 지혜롭지는 못했다. 그렇게 이아손은 아르고호를 타고 목표를 향해 앞으로 나아갔다.

맨 처음 아르고호 이야기를 접했을 때 나는 육아의 길이 떠올랐다. 우리는 아이에게 희망을 품고 우리가 길러 주고자 하는 잠재력을 그들 안에서 발견하지만, 좀처럼 곧게 뻗은 길을 걷지 못하는 경우가 많다. 아이를 기르는 일은 계속해서 진로를 조정하는 일련의 과정과 닮았다. 우리는 목표로부터 멀리 떨어져 표류하다가 그 사실을 깨닫고 상황을 조정해 원래 가야 할 지점으로 돌아온다. 한 곳에 정체되어 경직되거나 모든 것이 수포로 돌아가는 일이 없도록 방지하며 앞으로 나아간다. 이를 두고 획기적인 깨달음이라고 말할 수는 없을 것이다. 하지만 끊임없이 경로를 조정하면서 목표를 향해 나아가는 삶의 국면을 일상적으로 경험하는 데 육아만 한 게 있을까 싶다.

그런데 이 시대를 사는 우리는 문제에 봉착해 있다. 점점 더 우리는 불편함과 어려움을 피해야 할 것으로 보는 경향이 짙어지고 있다. 항상 완벽하게 방향을 잡아야 하며, 그러지 못하면 무엇인가 잘못된 게 틀림없다고 여긴다. 그리고 방향을 잃게 되는 상황을 맞아 그것을 피하려 하거나 감춘 채 그것이 사라지기만을 바란다. 어느 경우든, 그럴 때 우리는 삶에 필수적인 경험을 놓치게 된다. 더 큰 문제는 우리가 경로를 바로잡을 기회를 놓치고, 우리의 목표와 진정한 의도로부터 점점 더 멀어진다는 점이다. 그러면 일시적으로 불편한 일일 수 있었던 재조정 작업이 굴곡이 심한 감정적 도전이 되어 극단적인 결과를 초래한다. 원래 경로에서 심하게 이탈해 너무 멀리까지 가 버려서 바로잡기가 훨씬 더 어려워지기 때문이다. 육아를 하면서 마주하게 되는 작지만 힘든 순간을 피하지 않고 무슨 일이 일어나는지 알아보기 위해 우리가 배운 도구를 사용한다면, 매우 고통스럽고 어려운 순간에 이르러 힘들게 상황을 바로잡는 일을 사전에 막을 수 있다.

잘못을 인정하고 아이에게 본보기를 보인다

일이 틀어진 후에 상황을 바로잡으려는 부모들로부터 가장 많이 듣는 질문은 "아이에게 사과해야 하나요?"이다. 담백하게 "미안해"라고 말하는 건 전혀 문제 될 게 없다. 특히 어느 정도 나이가 든 10대 아이들에게 그렇다. 그런데 어린아이들은 조금 다르다. 10대 초반 아이들이나 몇몇 10대들은 우리가 마음을 가다듬고, 자신을 성찰하고, 무엇이 잘못되었으며 우리가 표현하고자 하는 바가 무엇인지 따뜻하고 선명하게 말하는 능력에 더 강하게 공감한다. 예를 들면 이런 상황이다. 당신은 또 한 번 12살 아들의 신발을 집어 들어 제자리에 놓았다. 그런데 아이가 집 안으로 들어가면서 책가방을 바닥에 내팽개치는 걸 보고는 그만 폭발해 버린다. 가방 속 물건들이 거꾸로 쏟아질 때 당신은 아이에게 분노를 쏟아 낸다. "너는", "항상", "절대"를 마구 섞어 가며 아이를 비난한다. 이는 결코 우아하거나 매력적인 순간이 아니다.

이럴 때 상황을 바로잡기 위해 자신에게 공간을 마련해 주는 방법이 있다. 먼저 자신에게 변명할 기회를 준다. "지금 한 말은 진심이 아니야. 잠깐만 시간을 주렴." 그런 다음 다른 방으로 들어가 호흡하면서 당신이 알고 있는 방법을 실천한다. 마음의 팔을 뻗어 지금 경험하는 좌절감을 흡수하는 것이다. 그리고 당신의 능력과 균형 감각을 내쉬는 숨에 담아 밖으로 내보낸다. 이렇게 3번 정도 반복한다. 시간은 길어야 1~2분 정도 걸릴 것이다. '다시 균형을 찾았어'라고 내면의 변화를 느낄 시간이 필요하다면 조금 더 길어질 수도 있다.

이제 방에서 나와 주방으로 돌아간다. 엄청나게 큰 그릇에 시리얼을 담아 먹고 있는 아들에게 이렇게 묻는다. "괜찮니?" 아마 아이는 어깨를 한번 으쓱하고는 고개를 끄덕일 것이다. "네가 집에 왔을 때 내가 한 말, 그건 전부 잘못 나온 말이야. 네 감정을 상하게 하려던 게 아니었어. 내가 말하려고 했던 건 내가 많이 속상했다는 거야." 그 말에 아이는

'아, 그렇군요'라고 말하듯 눈을 크게 뜨고 먼 산을 바라볼 것이다. 적어도 음식을 입안에 욱여넣는 일은 잠시 멈출 것이다. 당신은 계속해서 이렇게 말한다. "오늘 네가 신발과 가방을 아무렇게나 벗어던진 것 때문에 뭐라고 하는 게 아니야. 한동안 감정이 차곡차곡 쌓여 있던 것 같아. 내가 하는 일이 뭐든 다 당연한 것처럼 여겨지는 듯해서 말이야. 너도 일부러 그러진 않았겠지. 내가 원하는 건 네 물건을 정리할 때 서로 조금씩 돕자는 거야." 만약 분위기가 괜찮으면 한 걸음 더 나간다. "이따가 저녁 먹은 다음에 네 생각을 좀 들어 보고 싶어. 길게 이야기할 필요는 없지만 함께 이 문제를 해결해야 할 것 같아." 이 상황에서 핵심 문장은 다음과 같다.

1 그건 전부 잘못 나온 말이야. 네 감정을 상하게 하려던 게 아니었어.
2 내가 말하려고 했던 건…

이렇게 소통 과정을 바로잡고 아들에게 본보기를 보일 수 있다는 건 당신이 선을 넘은 때를 알고 그것을 인정하는 법을 안다는 의미이다. 그 사실이 아이에게 전해진다. 더불어 아이는 당신이 감정을 깊이 들여다봄으로써 훨씬 더 이성적일 수 있음을 알게 된다. 중요한 건 당신이 이성을 잃는다 해도 그것을 정당화하고 자신을 보호할 필요가 없음을 아들에게 보여 주었다는 점이다. 당신은 잘못을 인정할 수 있고, 그렇게 함으로써 무엇이 당신을 화나게 했으며 어떻게 문제를 해결해야 하는지 확실하게 알 수 있다. 당신이 보여 준 행동은 상당히 깊이 있는 삶의 기술이다. 그저 간단하게 "미안해. 이제 이 문제는 잊어버리자"라고 말하는 것도 하나의 선택지이긴 하지만, 이는 너무 일반적이고 문제를 해결하지 않은 채 방치하는 태도이다. 그런 태도에는 깊은 사색이 없어서 배울 만한 게 없고 실용적인 해결책도 담겨 있지 않다.

시간이 지나면서 이런 종류의 '관점 바꾸기'가 손에 익은 도구가 될 수 있다. 그러면 연민 어린 대응 연습을 실천해 온 당신에게 두 가지 아주 중요한 선택권이 주어진다.

1 건강하게 관계를 회복할 수 있는 도구가 있으므로 예전의 나쁜 습관에 빠져드는 걸 사전에 막을 수 있다. 단지 도구를 가지고 연습할 공간만 마련하면 된다.
2 이 연습을 이용해 관계를 회복하고 상황을 복구할 수 있다.

물론 애초에 이성을 잃지 않았다면 더 좋았을 테지만, 그렇다고 외로움과 수치심을 느끼면서 관계의 간극 사이에 서 있을 필요는 없다. 당신에게는 아이와 연결되는 자연스럽고 강력한 다리를 만들 품위 있고 진실한 방법이 있다.

마음의 평정을 되찾는다

보트 타기나 카누 타기를 하다 보면 어려워하는 아이를 도와주는 멋진 이미지를 떠올릴 수 있다. 내 동료 토드 사너(Todd Sarner)는 이를 '접안하기'에 비유했다. 여기에서 말하는 접안이란, 도움이 필요한 사람의 카누 옆에 자신의 카누를 나란히 세우는 걸 말한다. 이는 두 대의 카누가 같은 방향으로 나아가고 있으며 극적인 구조가 필요한 상태가 아님을 뜻한다. 단지 "내가 너와 함께 있어" 내지는 "내가 너를 잡고 있어" 정도의 메시지를 던지는 행위이다. 접안을 할 수 있다는 건 당신이 자신의 배를 완전하게 통제하고 있다는 의미이다. 만약 당신의 배를 통제하지 못하는 상태라면 다른 누군가를 도우려는 목적을 이루기 힘들 것이다. 이 책을 통해 내가 제안하는 바는 능동적으로 중심을 잡고 평정을 되찾는 능력이다. 아래의 내용은 접안의 기술과 우리가 문제에 사로잡혀 있을 때 벌어질 수 있는 일들의 목록이다.

1. 조난 신호 알아차리기 vs. 오직 결함만 보기
2. "무언가 때문에 화가 났구나" vs. "너는 뭔가 잘못하면 항상 그렇게 행동하더라"
3. 모선의 경로 변경하기 vs. 끈질기게 잘못된 방향으로 나아가기
4. "무슨 일이 일어나고 있는지 살펴보자" vs. "너는 절대로 이해하지 못해!"
5. 근접해서 움직이기 vs. 멀리 떨어져 지시사항 외치기

6 "그래, ~할 때 힘들지?" vs. "여기 좀 봐. 나한테 말하고 싶으면 내가 있는 곳을 봐야지!"
7 단단히 줄을 매어 안전한 항구로 끌어오기 vs. 거부하거나 무시하기
8 "가까이 와서 앉아 보렴. 너를 이해할 수 있게 도와주겠니?" vs. "얌전하게 있어. 아니면 네 방으로 가 버리든가!"
9 복구하기 vs. 손상을 무시하기
10 "이 문제를 해결하려면 어떻게 해야 할까?" vs. "아, 그러지 마. 그렇게 나쁘진 않아."

공감의 신경 체계를 활성화한다

가족 간에 불화가 생기면 모두 마음이 언짢다. 아이는 연약한 상태라 불안해할 것이다. 앞서 논의한 바와 같이 이런 종류의 민감함은 빨리 복구될 수 있다. 감정이 상했을 때 아이의 감정 레이더의 경계 상태가 고조되기 때문이다. 어른-아이 관계에서 우리는 모든 걸 알고 있지만, 아이들은 다음에 무슨 일이 일어날지 단서를 찾기 위해 우리를 세심히 살핀다. 이는 뇌에 기반한 아주 원시적인 생존 전략이다. 아마 아이는 마음속으로 이렇게 물을 것이다. '엄마가 더 화를 낼까? 아빠는 화를 가라앉힐까?' 만약 이때 우리가 후회한다는 어조로 "이건 잘못 나온 말이야. 나에게 시간이 좀 필요한 것 같아"라고 말하며 아주 작은 행동의 변

화라도 보인다면, 아이는 최소한 우리가 무섭게 변하지는 않을 거란 걸 알아차릴 것이고 투쟁이나 도주 반응도 약해질 것이다.

연민 어린 대응 연습을 사용할 때 우리는 한 가지 중요한 수준에서 우리 신경계를 조절하고 있다. 그것이 우리를 공동규제(coregulation)로 이끈다. 왜냐하면 안전하다고 느낀 아이가 스스로를 개방하고 통제가 잘된 당신의 감정을 흡수해 흉내 낼 것이기 때문이다. 이런 점에서 볼 때, 매 순간 원시 생존 본능의 메커니즘을 협력하는 뇌의 능력으로 전환하도록 자신을 훈련하는 일은 말 그대로 우리의 신경 반응을 리모델링하는 작업이다. 시간이 지나며 아이들은 우리의 행동을 본보기 삼을 것이고, 그렇게 함으로써 공감의 신경 체계를 활성화할 것이다.

통제할 수 있는 것과 없는 것을 정확히 인식한다

힘든 삶을 살아온 한 젊은이가 길을 걸어가고 있는데 한 무리의 남자들이 욕을 하며 다가왔다. 아주 천박하고 심한 욕이었다. 젊은이는 그들을 바라보며 약간의 유머를 섞어 이렇게 말했다. "그러니까, 내가 이미 알고 있는 것 말고 내가 아직 모르는 나에 대해 말해 봐." 그러자 위험할 수 있었던 상황이 해소되었고 불량배들은 제 갈 길을 가 버렸다. 이 젊은이에게는 여러 가지 선택지가 있었고 다른 결정을 내릴 수도 있었다. 하지만 그는 보살핌과 지지로 삶을 구축했고, 자신의 어려움과 문제를 전문적인 지식을 갖춘 친절한 사람들과 함께 살펴보았다. 그 덕분에 거리에서 자신의 결핍이나 단점이 불거질 수 있는 상황에 처했을 때, 자신의 약점을 인식하면서도 중심을 잡을 수 있었다. 더욱 중요한 건 안전이 위협받을 수 있는 상황에서 본능적으로 자신이 통제할 수 있는 것과 통제할 수 없는 것을 인식했다는 점이다. 그는 불량배들이 욕을 하지 못하게 막을 순 없었지만 대신 어떻게 대응할지는 선택할 수 있었다. 그리고 현명한 선택을 했다.

태도와 관계를 바로잡는 일은 얼마든지 당신이 결정할 수 있다. 당신의 영향력 안에 있기 때문이다. 누구도 당신의 걱정, 근심, 어려움을 당신이 받아들이지 못하게 막을 수 없다. 상황이 아무리 어렵고 힘들어도 당신은 자신의 생기와 영민함, 균형 잡힌 상태, 능력 안에서 자유롭게 진정한 삶을 살아갈 수 있다. 그것을 당신은 묵묵하고 힘차게 실행한다. 누구도 쉽게 당신을 따돌리거나 강제할 수 없다. 상황을 악화시키는 기운을 없애 버릴 수 있는 능력이 당신에게 있기 때문이다. 누구도 당신의 인격 안에 생긴 틈을 억지로 벌려 그것을 드러내고 조작할 수 없다. 왜일까? 당신은 자신의 결점을 너무도 잘 알고 있고, 그것이 더 이상 당신 의식의 어두운 가장자리를 위험하게 배회하지 않기 때문이다. 당신은 그 어두운 가장자리에 부드럽고도 선명한 빛을 비추었고 세심하게 살핀 후 그것들을 받아들였다. 그런다고 불안과 두려움이 다시는 생기지 않는 건 아니지만, 이제 당신은 그들을 어떤 관점 안에 둘 수 있게 되었다.

때때로 우리는 정의하기 힘든 '특별한 무엇'을 가진 사람을 만난다. "그 사람은 자신을 알아"라고 말할 때, 우리는 비로소 이런 특징을 말로 표현할 수 있게 된다. 당신이 스스로 내면에 있는 이런 자질을 길러 갈 때 안정감, 자신감, 그리고 점점 커지는 자기 인식을 또렷하게 느낄 수 있다.

분노의 감정이 온 집안 퍼지지 않게 한다

우리의 기분과 우리가 기분을 다루는 방식이 아이들의 행동에 많은 영향을 미친다. 미혼이거나 아이를 갖기 전에는 가끔 시무룩할 수 있고, 그것 때문에 영향을 받는 대상도 우리 자신뿐이었다. 그런데 지금은 가족을 이루고 있기 때문에 수그러들 줄 모르는 감정의 메아리가 끊임없이 울리는 방에 살고 있는 것처럼 느껴질 수 있다. 이 방에서 우리가 내뱉는 모든 말이 증폭되어 주변 이웃은 물론 그 너머로까지 방송되듯 울려 퍼진다. 한 아빠가 재미있는 말을 했다. "제 딸이 어릴 때 항상 저를 관찰했어요. 아이가 전화를 받으면 예의 바르게 이렇게 말하곤 했죠. '네, 아빠 여기 있어요. 그런데 지금 짜증이 많이 나 있어요.' 이제 딸아이는 10대인데 여전히 비슷한 행동을 합니다. 저를 창피하게 만드는 기술은 한층 더 발전했고요."

항상 친절하고 다정한 사람이 되어야 한다는 책임감은 부담이 될 수 있다. 연민 어린 대응 연습은 당신의 불평불만을 주의 깊게 경청하고, 그것을 받아들이고 흡수할 수 있는 현실적인 전략을 제공한다. 그러면 불쾌한 느낌에 끌려다니지 않으면서 언짢은 분위기가 온 집안에 퍼지기 전에 가족의 에너지가 원활하게 돌아가도록 할 수 있다.

자기 자신을 용서할 줄 안다

이 책 전반에 걸쳐 우리는 육아란 그 어떤 것과도 비교할 수 없는 독특한 자기 계발의 길이라는 불변의 진실을 탐구했다. 우리의 소중한 꿈과 잔인한 현실, 우리의 초능력과 나약함, 완주를 결심한 부상당한 마라톤 선수의 인내심과 불행하게도 카페인에 중독된 뉴욕시 택시 운전사의 조급함 사이에서 발생하는 부딪침처럼 격렬한 삶의 국면은 육아를 제외한 다른 영역에서 그리 쉽게 찾아보기 힘들다. 우리 대부분은 육아를 하며 이타적이고 그칠 줄 모르는 사랑을 영혼의 깊이에서 경험한다. 이 정도 영혼의 깊이에서는 누구에게 구조를 요청할 필요가 없다. 아니, 구조 자체를 할 필요가 없다.

발을 헛디딜 때마다 우리는 어떤 식으로든 아이에게 상처를 준다는 가능성과 마주하게 되고 그 느낌은 매우 불쾌하다. 그리고 순간 스스로를 의심하는 질문들이 마음속에 피어오른다. '내가 얼마나 대책 없는지 아이가 알지 않을까?', '자기를 실망시킨 걸 애가 친구들에게 말하지 않을까?', '아이들이 커서 나에게 반감을 가지지 않을까?' 그러나 이런 두려움을 마주하고 부드럽게, 하지만 자신감을 가지고 빛을 비추면 실체를 보게 된다. 그 실체는 사랑이라는 용광로이다. 이 용광로를 이용해 우리는 자신을 담금질해 곧고 강하게 연마한다. 만약 우리가 이런 장면이 현실이 되도록 공간을 마련한다면, 또 한 번 우리가 아이에게 잘못을 저지른다 해도 이전과는 다른 특별한 일이 일어난다. '부족함'이라는 재료를 가족을 위한 튼튼한 집을 짓는 데 필요한 재료로 바꿔 주는 대장장이의 도구를 가지고 있음을 알게 되는 것이다. 그리고 우리 자신을 용서할 수 있게 된다.

부모에게 자기 용서란 쉽지 않은 일이다. 하지만 후회의 그림자에서 벗어나 온전한 인간인 자신을 받아들이면 진정한 자유를 느낄 수 있다. 부족함이 있지만 멋진, 양면성을 가진 자신의 모습을 조용히 끌어안을 수 있다. 그렇게 함으로써 진실한 자기 기반 위에서 진실한 목소리로 말할 수 있게 된다.

책을 마치며

이 책을 통해 많은 이야기를 나누었다. 좋은 이야기, 나쁜 이야기, 겉보기에 평범하고 여느 가정에서나 일어날 법한 삶의 매 순간에 관한 진심어린 이야기들이었다. 이 모든 걸 함께하며 당신이 혼자가 아니라고 느끼고 덜 외로웠으면 좋겠다. 내게는 이 이야기들 하나하나가 다정하고 사랑 많은 사람들이 준 작은 선물처럼 다가왔다. 특히나 부모들이 이 이야기를 통해 자기 실망이라는 어둠의 장소와 서서히 스며드는 수치심에서 빠져나와 우리가 함께 나누었던 작은 사건 사고들을 웃어넘기는 법을 배웠길 바란다. 우리의 부족함을 좀 더 폭넓게 받아들이고, 사랑하는 아이들을 위해 우리가 만들어 낸 아름다움에 감사하는 마음으로 또 하루를 살아가길 바란다.

이 책의 주제는 유년기 아이들에게만 맞춰져 있지 않다. 그런 면에서 일반적인 육아서가 아니다. 오히려 이 책은 가족의 삶과 관련해 스스로 감정을 다스리는 어른의 세계를 탐구했다. 이를 통해 좀처럼 우리가 자신에게 허락하지 않는 여행, 내면의 풍경을 따라 걷는 여정을 즐길 수 있었다.

끝으로 우리가 자기 성장에 주의를 기울여야 할 필요성을 보여 주는 좋은 비유 하나를 나누고자 한다. 매번 내가 비행기에 타서 이륙을 기다릴 때마다 하는 생각이다. 승무원이 승객들에게 안전 수칙을 설명할 때 비상시 산소마스크가 내려오면 어른이 먼저 마스크를 쓰고 아이를 도와주라고 말한다. 가끔 나는 다른 승객도 나처럼 극심한 난기류나 비상 착륙에서 살아남기 위해 지켜야 할 안전 수칙과 부모로서 우리가 해야 할 일 사이의 연관성을 떠올리는지 궁금할 때가 있다. 나는 산소마스크 이용 수칙이 육아와 관련해 얼마나 적확한 비유인지 옆자리 승객에게 이야기해 주고 싶어서 미칠 것 같지만 꾹 참는다. 왜냐하면 부모로서 우리가 아이들을 효과적으로 보호하기 위해 가장 먼저 다루어야 할 대상은 바로 우리 자신의 능력이기 때문이다. 여전히 철없는 아이처럼, 나는 비행기를 탈 때마다 안전 수칙 안내 시간을 기다린다. 그리고 언제나처럼 내가 먼저 산소마스크를 써야 한다고 상기시키는 말에 "그럴게요"라고 약속한다.

부
록

·
·
·

연민 어린
대응 연습에
도움이
되는 글귀들

❖

나의 운명을 지켜보는
수호자여.
잠에서 깨어날 때와 잠이 들 때,
그리고 오랜 시간 동안
당신은 나를 돌봐 주십니다.

나의 생각이 희망으로 채워지고
당신을 통해 내 깊은 곳까지 전해지길 기원합니다.

의지의 샘으로 인해
내가 강해지게 하소서
그 샘이 우리를 자유로 향하게 합니다.

지혜의 샘으로 인해
내가 빛나게 하소서
그 샘이 우리 마음 깊은 곳을 따뜻하게 합니다.

사랑의 샘으로 인해
평화를 느끼게 하소서
그 샘이 우리의 일을 축복합니다.

—

애덤 비틀스톤

〈중보의 기도(자아를 위한 기도)〉, 원작을 각색함.

❖

[ ]의 운명을 지켜보는
수호자여.
잠에서 깨어날 때와 잠이 들 때,
그리고 오랜 시간 동안
당신은 [ ]를 돌봐 주십니다.

나의 생각이 희망으로 채워지고
당신을 통해 이 아이에게 전해지길 기원합니다.

의지의 샘으로 인해
이 아이가 강해지게 하소서
그 샘이 우리를 자유로 향하게 합니다.

지혜의 샘으로 인해
이 아이가 빛나게 하소서
그 샘이 우리 마음 깊은 곳을 따뜻하게 합니다.

사랑의 샘으로 인해
이 아이가 평화를 느끼게 하소서
그 샘이 우리의 일을 축복합니다.

—
애덤 비틀스톤
〈중보의 기도(도움이 필요한 아이를 위한 기도)〉
[ ] 안에 아이의 이름을 넣어 말하세요.

❖

나를 찾는 사건들이
내게로 오게 하소서
고요한 마음으로
그것을 받아들이게 하소서
아버지의 평화의 땅을
우리가 걸으리다.

나를 찾는 사람들이
내게로 오게 하소서
예수님의 사랑의 물결 속에서
이해하는 마음으로
그들을 받아들이게 하소서
그 물결 속에 우리가 살고 있나이다.

나를 찾는 영혼들이
내게로 오게 하소서
치유하는 성령의 빛을 받아
맑고 선명한 영혼으로
그들을 받아들이게 하소서
그 빛으로 우리가 보나이다.

—

애덤 비틀스톤

오늘을 위한 명상 기도 중 〈두려움에 맞서〉

❖

상처는 빛이 그대에게 들어가는 곳입니다.
그대가 행한 친절은 신성한 사랑의 무지갯빛 날개입니다.
그대가 사랑을 나눈 후에도 그것은 오래도록 남아
사람들을 행복하게 합니다.
그대의 영혼 안에 생명의 힘이 있으니 그 생명을 찾으세요.
그대의 몸 안에 보석을 품은 광산이 있으니 그 보석을 찾으세요.
오, 여행자여. 만일 그대가 그것을 찾고 있다면
밖이 아닌 내면을 바라보세요.
그대는 나의 추락을 보았으니 이제 내가 떠오르는 것을 봅니다.
길의 이정표를 찾을 때, 그대의 짐을 침묵을 향해 나르세요.

—

루미

❖

나의 풍성함은 바다와 같이 무한하고,
나의 사랑 또한 그만큼 깊습니다.
그대에게 더 많이 줄수록
나 또한 더 많이 소유합니다.
둘 모두 무한하기 때문입니다.

—

윌리엄 셰익스피어

《로미오와 줄리엣》

❖

수고하고 무거운 짐 진 자들아, 다 내게로 오라.
내가 너희를 쉬게 하리라.
나는 마음이 온유하고 겸손하니
나의 멍에를 메고 내게 배우라
그리하면 너희 마음이 쉼을 얻으리니
이는 내 멍에는 쉽고
내 짐은 가벼움이라 하시니라.

—

마태복음 11:28-30

❖

우리가 주목하는 것은 보이는 것이 아니요 보이지 않는 것이니,
보이는 것은 잠깐이요 보이지 않는 것은 영원함이라.

—

고린도후서 4:18

❖

신이여, 저에게 바꿀 수 없는 것을 받아들이는 평온과
바꿀 수 있는 것을 바꾸는 용기와
둘의 차이를 알 수 있는 지혜를 주소서.
제 의지가 아닌 당신의 의지로 이루어지리다.

—

라인홀드 니부어

〈평온을 비는 기도〉

❖
약한 사람은 결코 용서하지 못한다.
용서는 강한 사람의 특징이다.
—
마하트마 간디

❖
나는 여기 서 있으니,
달리 할 수 있는 일은 없다.
—
마르틴 루터

❖
미래에는 주변의 다른 사람이 불행하면 그 누구도 행복의 즐거움 속에서 평화를 찾을 수 없을 것이다 … 모든 인간은 동료 인류 안에 숨겨진 신성함을 보게 될 것이다 … 모든 인간이 신의 형상을 따라 만들어졌기 때문이다. 그때가 되면 사람들 사이의 모든 만남이 그 자체로 종교적 의식, 즉 성례(聖禮)가 될 것이다.
—
루돌프 슈타이너
《천사는 우리의 아스트랄체 속에서 무엇을 하는가?》 중에서

❖

우리는 미래에 대한 모든 두려움과 공포를 영혼에서 떼어 내야 합니다.
미래에 대한 모든 감정과 감각에서 평온함을 얻어야 합니다.
어떤 일이 벌어진다 해도 절대적인 평정을 기대해야 합니다.
어떤 일이 벌어지든 그것이 지혜가 가득한 세상의 가르침에 따라
우리에게 왔다고 생각해야 합니다.
순수한 믿음으로 사는 것, 현존하는 것,
언제나 지금 이곳에 있는 영적 세상의 도움을 믿는 것,
이것이 바로 지금 이 시기에 우리가 배워야 할 것입니다.
매일 아침저녁 우리는 내적으로 이러한 깨달음을 추구해야 합니다.

—

루돌프 슈타이너

〈용기를 위한 명상〉

❖

비난하지 말고, 추론하지 말고, 논쟁하지 마세요.
그냥 이해하세요.
당신이 이해하고, 이해한다는 걸 보여 주면,
당신은 사랑할 수 있고 상황이 바뀔 것입니다.

—

틱낫한

❖

나는 내가 아니다.
내 눈에 보이지 않으나
내 곁에서 걷고 있는 이
가끔씩 만나러 가지만
보통은 잊고 지내는 이
내가 미워할 때 용서해 주고 다정한 이
내가 말할 때 조용히 있어 주는 이
내가 산책하지 않을 때 나가서 걷는 이
내가 죽을 때 꼿꼿이 남아 있을 이
그게 바로 나다.

—
후안 라몬 히메네스
〈나는 내가 아니다〉

내 아이가 최고
밉상일 때
최상의
부모가
되는 법

2021년 11월 6일 초판 1쇄 발행

지은이 킴 존 페인 • 옮긴이 조은경
발행인 박상근(至弘) • 편집인 류지호 • 상무이사 양동민 • 편집이사 김선경
책임편집 양민호 • 편집 이상근, 김재호, 김소영, 권순범, 최호승 • 디자인 쿠담디자인
제작 김명환 • 마케팅 김대현, 정승채, 이선호 • 관리 윤정안
펴낸 곳 불광출판사 (03150) 서울시 종로구 우정국로 45-13, 3층
대표전화 02) 420-3200 편집부 02) 420-3300 팩시밀리 02) 420-3400
출판등록 제300-2009-130호(1979. 10. 10.)

ISBN 978-89-7479-949-6 (03590)
값 15,000원

잘못된 책은 구입하신 서점에서 바꾸어 드립니다.
독자의 의견을 기다립니다. www.bulkwang.co.kr
불광출판사는 (주)불광미디어의 단행본 브랜드입니다.